AF861384

RAYÉ DE L'INVENTAIRE

Traduit de l'anglais par Josée Latulippe, © Bayard Canada Livres inc. 2015

Illustrations de Peter Bull, Steve Fricker, David Burnie, Mike Harnden, John Kelly, Obin, Gary Smart

Conception graphique : Jen Osborne

Direction artistique : Susi Martin

Édition : Zeta Jones

Le Code de la propriété intellectuelle n'autorisant, aux termes de l'article L 122-5 2e et 3e alinéas, que les copies ou reproductions strictement réservées à l'usage privé du copiste et non destinées à une utilisation collective, et, d'autre part, que les analyses et les courtes citations dans le but d'exemple ou d'illustration, toute représentation ou reproduction intégrale ou partielle, faite sans le consentement de l'auteur ou de ses ayants droit ou ayants cause, est illicite (article L 122-4 du Code de la propriété intellectuelle).

Cette représentation ou reproduction, par quelque procédé que ce soit, constituerait donc une contrefaçon sanctionnée par les articles L 335-2 et suivants du CPI.

Tous droits de reproduction, d'adaptation et de traduction réservés pour tous pays.

Pour l'édition originale parue sous le titre *Stuff You Should Know!* :
© 2014, Marshall Editions, un département de Quarto Publishing Inc., The Old Brewery, 6 Blundell Street, London N7 9BH, Royaume-Uni

Pour la présente édition :
© 2015, Éditions Vigot, 23, rue de l'École-de-Médecine, 75006 Paris, France

ISBN : 978-2-7114-2393-4

Dépôt légal : janvier 2016

Achevé d'imprimer en Chine

J
500
FAR

COMMENT ÇA MARCHE ?

Quand tu tournes un interrupteur
Quand tu envoies un texto
Quand tu tires la chasse d'eau

JOHN FARNDON

ROB BEATTIE

VIGOT

TABLE DES MATIÈRES

* DÉPLIE LES PAGES POUR EN SAVOIR ENCORE PLUS SUR CE SUJET !

INTRODUCTION

Il y a deux cents ans, si on voulait de la lumière, de l'eau ou de la nourriture chez soi, il fallait aller en chercher soi-même, ou envoyer ses serviteurs s'en charger ! Aujourd'hui, il suffit d'appuyer sur un bouton pour allumer la lumière, d'ouvrir le robinet pour avoir de l'eau et de prendre le téléphone pour se faire livrer un repas. Tout semble si facile !

Dans cette maison, on peut voir certaines des choses que nous tenons souvent pour acquises chez nous. Mais comment fonctionnent-elles, au juste ? C'est ce que te montreront les petits personnages de ce livre.

Les mots en **gras** sont expliqués dans le glossaire, aux pages 78-79.

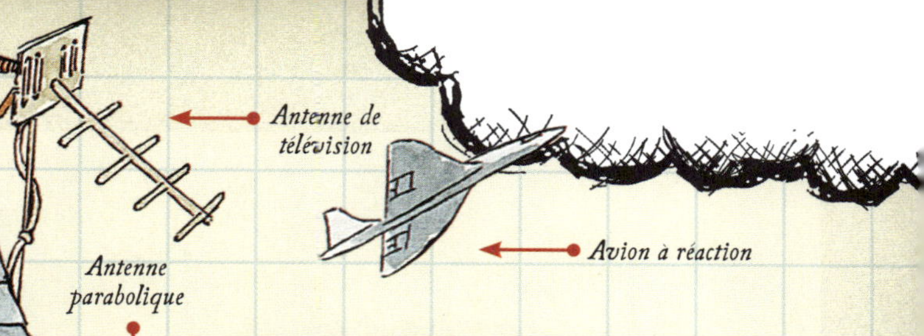

QUELQUE CHOSE DANS L'AIR

Les émissions de télévision et de radio arrivent chez toi sous forme de signaux invisibles dans l'air. Une antenne, une sorte de tube de métal de forme particulière, capte ces signaux. L'antenne radio est située soit sur le dessus du poste de radio, soit à l'intérieur. Les signaux de télévision sont captés par une grande antenne placée sur le toit ou par une antenne parabolique fixée au mur de la maison. Ils peuvent aussi entrer dans la maison par un câble souterrain.

ATTENTION !

S'ils ne sont pas utilisés correctement, l'**électricité** et le gaz peuvent être dangereux. Vérifie toujours auprès d'un adulte avant de manipuler de l'équipement électrique et n'utilise jamais un four sans l'aide d'un adulte. Sois également prudent quand tu ouvres le robinet d'eau chaude, celle-ci peut être brûlante !

SOUS TERRE

L'eau et le gaz entrent chez toi par des tuyaux enfouis dans le sol, et l'électricité est transportée par des câbles qui contiennent des fils de cuivre. Les lignes téléphoniques peuvent aussi entrer par un câble souterrain. Les eaux usées sortent de la maison par un gros tuyau appelé « **égout** ».

TOC, TOC, TOC !

Quand des amis viennent te rendre visite, ils peuvent arriver par avion à l'aéroport le plus proche, puis prendre le train, ou encore louer une voiture et utiliser la navigation par **satellite** pour trouver ta maison.

L'ÉLECTRICITÉ

Quand tu allumes une lampe, une extraordinaire énergie invisible fait briller l'ampoule qui répand de la lumière. L'électricité est produite, ou générée, dans une centrale électrique. Mais comment fait-elle pour se rendre de la centrale jusqu'à ta lampe?

1 TRANSFORMER EN VAPEUR

Les centrales électriques brûlent du charbon, du pétrole, du gaz ou du **combustible nucléaire** pour faire bouillir de l'eau et produire de la **vapeur**. La vapeur est précipitée dans des conduites et frappe les pales d'une roue appelée «**turbine**», la faisant tourner rapidement. Dans une **centrale hydroélectrique**, l'eau dévale d'un barrage et fait tourner la turbine.

2 FAIRE UN PETIT TOUR

En tournant, la turbine entraîne une bobine de fil en cuivre située entre les pôles d'un énorme **aimant**. C'est la **génératrice**.

3 LE COURANT PASSE

La force de l'aimant attire de minuscules paquets d'énergie, appelés «**électrons**», dans le fil. Ces électrons forment un flux d'électricité, appelé «**courant électrique**».

4 AUGMENTER LE COURANT

Le courant provenant de la centrale électrique est trop faible pour se rendre jusqu'à ta maison. On augmente sa tension en l'envoyant dans un anneau de fer appelé «**transformateur**».

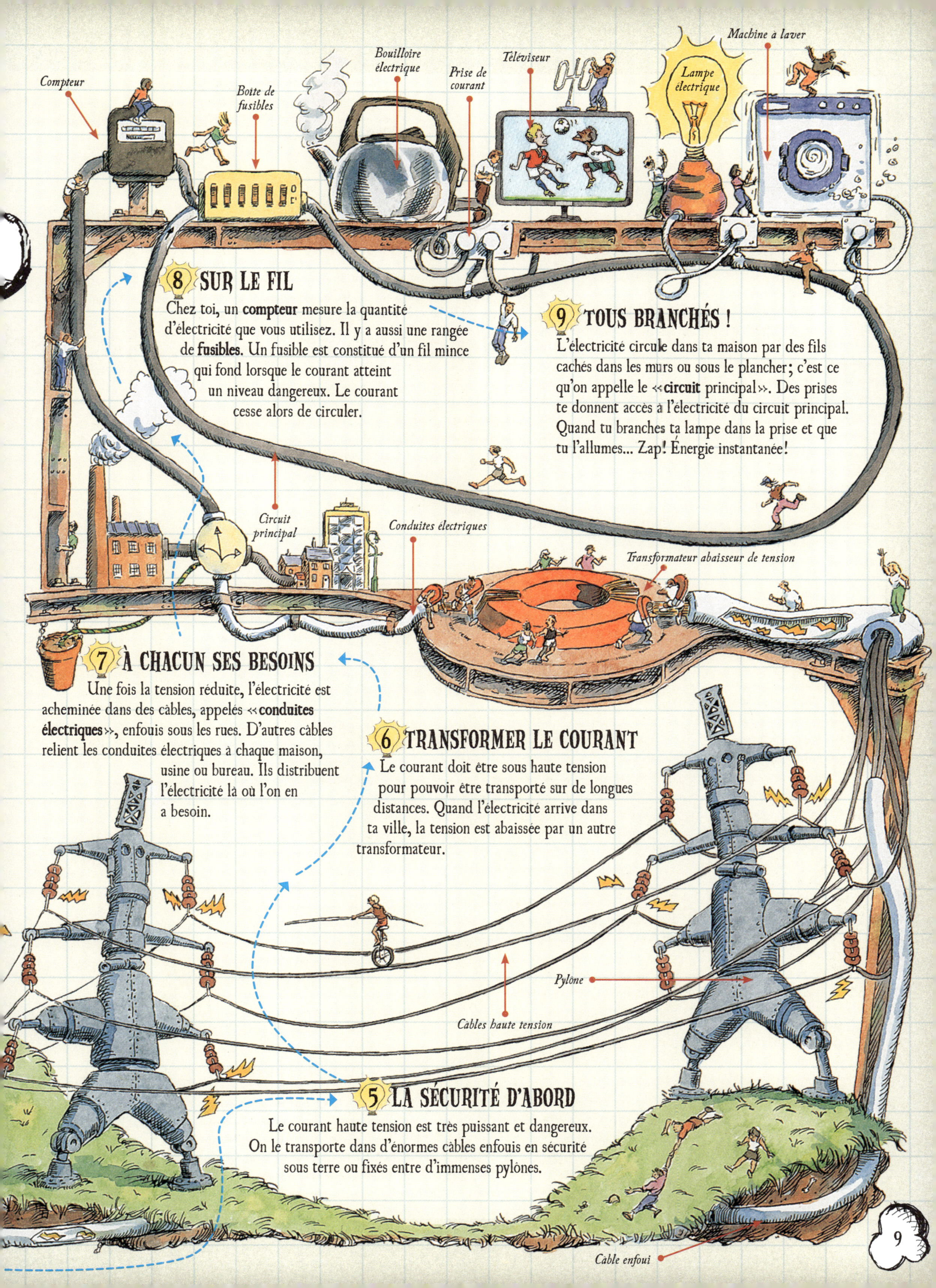

5 LA SÉCURITÉ D'ABORD

Le courant haute tension est très puissant et dangereux. On le transporte dans d'énormes câbles enfouis en sécurité sous terre ou fixés entre d'immenses pylônes.

6 TRANSFORMER LE COURANT

Le courant doit être sous haute tension pour pouvoir être transporté sur de longues distances. Quand l'électricité arrive dans ta ville, la tension est abaissée par un autre transformateur.

7 À CHACUN SES BESOINS

Une fois la tension réduite, l'électricité est acheminée dans des câbles, appelés « **conduites électriques** », enfouis sous les rues. D'autres câbles relient les conduites électriques à chaque maison, usine ou bureau. Ils distribuent l'électricité là où l'on en a besoin.

8 SUR LE FIL

Chez toi, un **compteur** mesure la quantité d'électricité que vous utilisez. Il y a aussi une rangée de **fusibles**. Un fusible est constitué d'un fil mince qui fond lorsque le courant atteint un niveau dangereux. Le courant cesse alors de circuler.

9 TOUS BRANCHÉS !

L'électricité circule dans ta maison par des fils cachés dans les murs ou sous le plancher ; c'est ce qu'on appelle le « **circuit** principal ». Des prises te donnent accès à l'électricité du circuit principal. Quand tu branches ta lampe dans la prise et que tu l'allumes… Zap! Énergie instantanée!

LE GAZ

Les cuisinières au gaz et les systèmes de chauffage central fonctionnent avec un gaz bien particulier. On l'appelle «gaz naturel», parce qu'il se forme de façon naturelle dans le sol. Le gaz naturel est très inflammable, ce qui veut dire qu'il prend feu facilement. Alors, comment ce gaz dangereux se rend-il jusque chez toi de façon sécurisée?

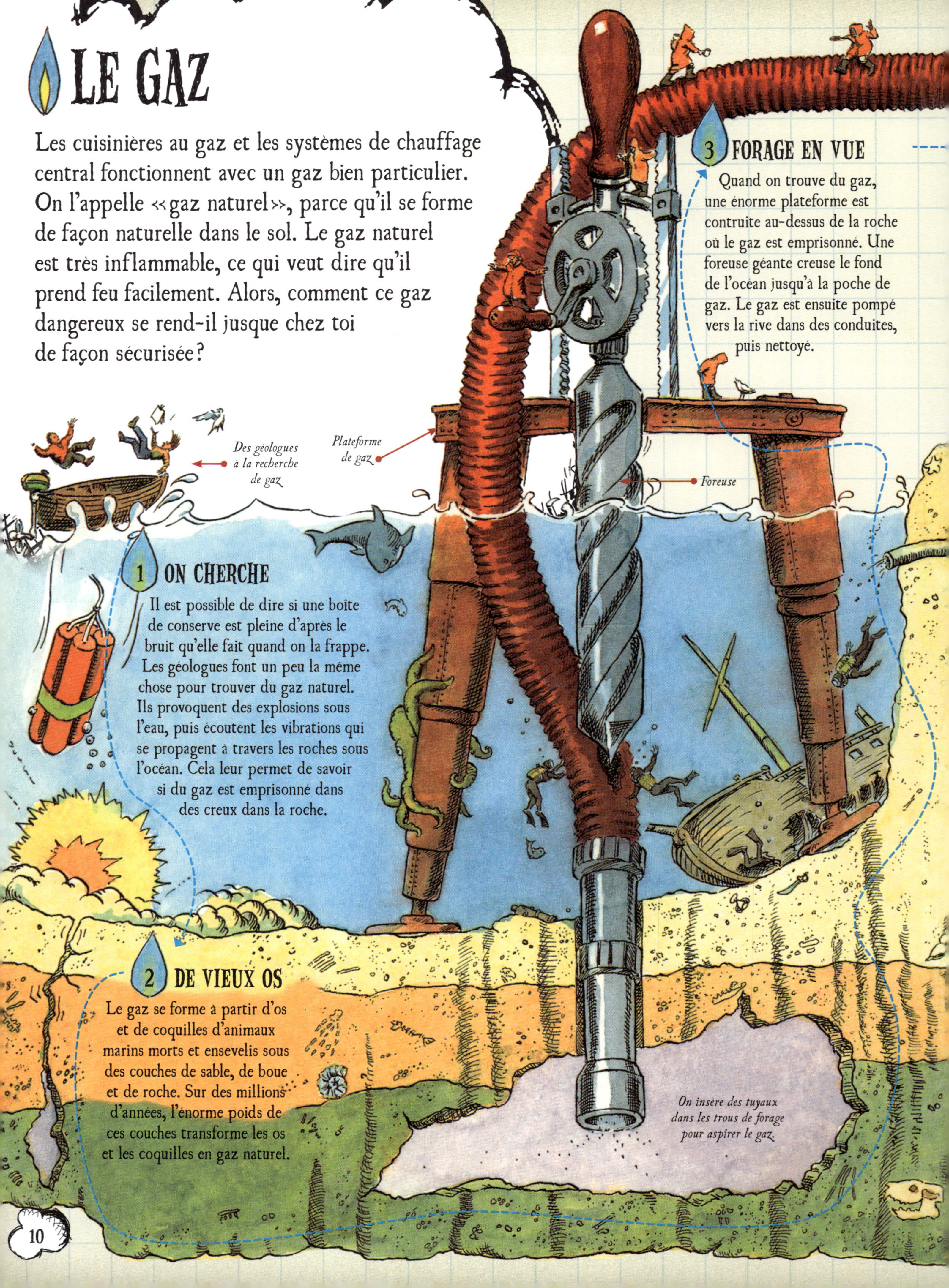

1 ON CHERCHE

Il est possible de dire si une boîte de conserve est pleine d'après le bruit qu'elle fait quand on la frappe. Les géologues font un peu la même chose pour trouver du gaz naturel. Ils provoquent des explosions sous l'eau, puis écoutent les vibrations qui se propagent à travers les roches sous l'océan. Cela leur permet de savoir si du gaz est emprisonné dans des creux dans la roche.

2 DE VIEUX OS

Le gaz se forme à partir d'os et de coquilles d'animaux marins morts et ensevelis sous des couches de sable, de boue et de roche. Sur des millions d'années, l'énorme poids de ces couches transforme les os et les coquilles en gaz naturel.

3 FORAGE EN VUE

Quand on trouve du gaz, une énorme plateforme est contruite au-dessus de la roche où le gaz est emprisonné. Une foreuse géante creuse le fond de l'océan jusqu'à la poche de gaz. Le gaz est ensuite pompé vers la rive dans des conduites, puis nettoyé.

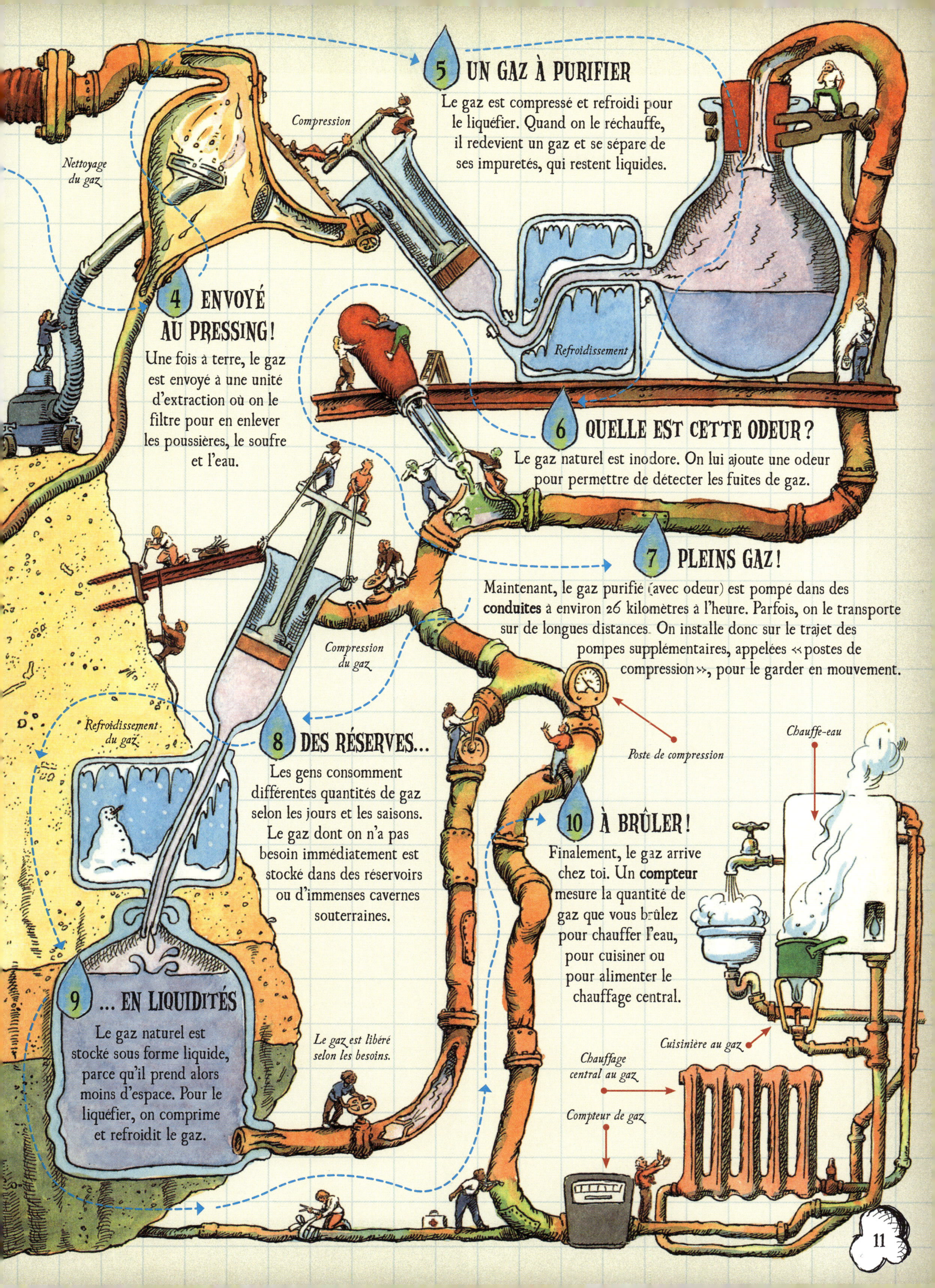

4 ENVOYÉ AU PRESSING !

Une fois à terre, le gaz est envoyé à une unité d'extraction où on le filtre pour en enlever les poussières, le soufre et l'eau.

5 UN GAZ À PURIFIER

Le gaz est compressé et refroidi pour le liquéfier. Quand on le réchauffe, il redevient un gaz et se sépare de ses impuretés, qui restent liquides.

6 QUELLE EST CETTE ODEUR ?

Le gaz naturel est inodore. On lui ajoute une odeur pour permettre de détecter les fuites de gaz.

7 PLEINS GAZ !

Maintenant, le gaz purifié (avec odeur) est pompé dans des **conduites** à environ 26 kilomètres à l'heure. Parfois, on le transporte sur de longues distances. On installe donc sur le trajet des pompes supplémentaires, appelées « postes de compression », pour le garder en mouvement.

8 DES RÉSERVES...

Les gens consomment différentes quantités de gaz selon les jours et les saisons. Le gaz dont on n'a pas besoin immédiatement est stocké dans des réservoirs ou d'immenses cavernes souterraines.

9 ... EN LIQUIDITÉS

Le gaz naturel est stocké sous forme liquide, parce qu'il prend alors moins d'espace. Pour le liquéfier, on comprime et refroidit le gaz.

10 À BRÛLER !

Finalement, le gaz arrive chez toi. Un **compteur** mesure la quantité de gaz que vous brûlez pour chauffer l'eau, pour cuisiner ou pour alimenter le chauffage central.

L'EAU

Tu ouvres le robinet et une eau propre et fraîche coule. Tu peux la boire, l'utiliser pour le ménage ou pour te laver. En France, chaque personne consomme plus de 200 litres d'eau par jour. La majeure partie de cette eau provient de la pluie, mais comment se rend-elle jusqu'à tes robinets?

1 UNE PLUIE RAFRAÎCHISSANTE

La pluie s'écoule dans les cours d'eau et pénètre dans le sol. Des pompes aspirent cette eau dans d'énormes tuyaux. Tout ce qui se trouve dans l'eau, que ce soit des brindilles ou des poissons morts, est filtré.

7 SPLASH!

Dans certaines rues, on trouve des robinets spéciaux, appelés «bornes d'incendie». Celles-ci sont branchées directement sur les conduites d'eau principales, dans lesquelles la **pression** de l'eau est très grande. Ainsi, lorsque les pompiers branchent un tuyau à une borne d'incendie, ils obtiennent un jet très puissant pour éteindre les feux.

8 L'HEURE DU BAIN

Les **conduites d'eau principales** sont reliées aux petits tuyaux de ta maison. Ces tuyaux se rendent jusqu'à un grand réservoir ou directement aux robinets. Ouvre le robinet et l'eau coule à flots!

2 DE L'EAU SALE

L'eau de pluie est habituellement sale. Elle doit donc être nettoyée, ou traitée, avant de pouvoir être utilisée dans les maisons. On y ajoute d'abord deux produits chimiques : de l'alun et de la chaux.

3 EN FLOCS

On mélange bien les produits chimiques dans l'eau. À cette étape, celle-ci contient encore des petites particules de saleté. Les produits chimiques forcent ces minuscules particules à s'assembler en grumeaux, appelés «**flocs**». Les flocs sont aussi petits que des grains de sel, mais assez lourds pour commencer à couler lentement.

4 LA DÉCANTATION

L'eau est ensuite versée dans un **bassin de décantation**, au fond duquel les flocs se déposent, formant d'épaisses **boues**. On enlève les boues, et l'eau passe à l'étape suivante.

5 EAU SOUS PRESSION

L'eau n'est pas encore tout à fait propre. On la fait donc passer à travers des couches de sable et de petits cailloux qui emprisonnent la poussière très fine. Ce processus s'appelle «filtration». On introduit des **bactéries**, qui mangent les organismes vivants se trouvant encore dans l'eau. Finalement, on ajoute un peu de javellisant pour tuer les microbes. Enfin de l'eau propre !

6 DU LIQUIDE À LA BANQUE

L'eau est maintenant potable. Elle est transportée dans d'énormes tubes, appelés «**conduites**», jusqu'à des **réservoirs** couverts ou à des cuves au sommet de châteaux d'eau, où elle est emmagasinée jusqu'à ce qu'on en ait besoin. Quand les gens ouvrent leur robinet, l'eau coule dans de gros tuyaux appelés «conduites d'eau principales». De là, l'eau est pompée jusque dans les maisons.

LES EAUX USÉES

Quand tu enlèves le bouchon de ta baignoire ou que tu tires la chasse, toute l'eau et les déchets s'écoulent dans la conduite. Mais où s'en vont-ils? Et pourquoi le monde ne sent-il pas de plus en plus mauvais?

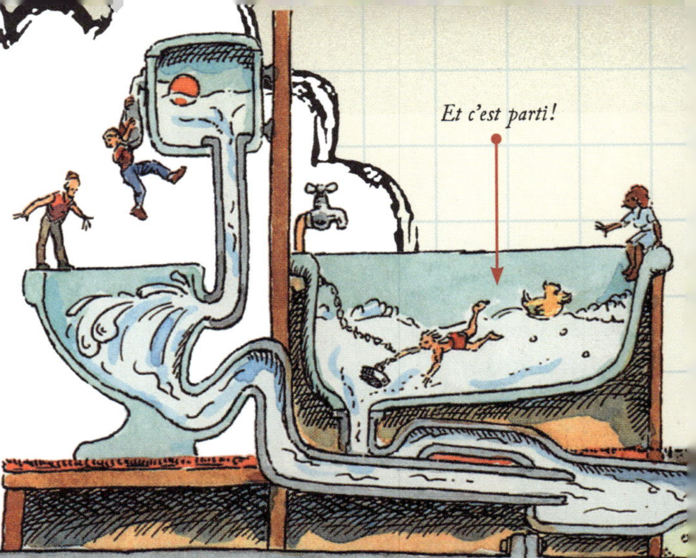

6 LES LITS FILTRANTS

L'eau sale est projetée sur les **lits filtrants,** composés de couches de cailloux gluants.

7 DES MICROBES UTILES

La substance gluante qui recouvre les cailloux contient des **bactéries.** Celles-ci mangent tout contenu nocif encore présent dans l'eau pendant qu'elle traverse lentement les couches de cailloux.

1 DANS LE TUYAU

Les eaux usées qui descendent dans la conduite coulent ensuite dans un tunnel appelé «**égout**». Les égouts sont si gros que les eaux usées y coulent comme un cours d'eau souterrain.

2 QUELQUE PART

L'égout transporte toutes les eaux usées des maisons, des bureaux, des restaurants et des usines de ton quartier jusqu'à une station d'épuration des eaux usées.

3 UN PIÈGE À DÉCHETS

Dans la station d'épuration, les eaux usées passent à travers un filtre qui emprisonne les déchets et les gros débris. Les sables et graviers, eux, se déposent sur des capteurs de sable et sont retirés.

4 DES DÉPÔTS

Les eaux reposent pendant un certain temps dans un grand bassin. Les matériaux solides se déposent au fond et forment des **boues**. On pompe ensuite le liquide hors du bassin pour le nettoyer dans les lits filtrants.

5 LES BOUES

Les boues sont transférées dans un **décanteur-digesteur** et servent de nourriture à des bactéries, qui relâchent un gaz, du méthane.

8 DE L'EAU PROPRE

Les eaux usées de ta maison ont été retransformées en eau propre. Celle-ci est pompée de la station d'épuration et rejetée dans les cours d'eau ou dans la mer.

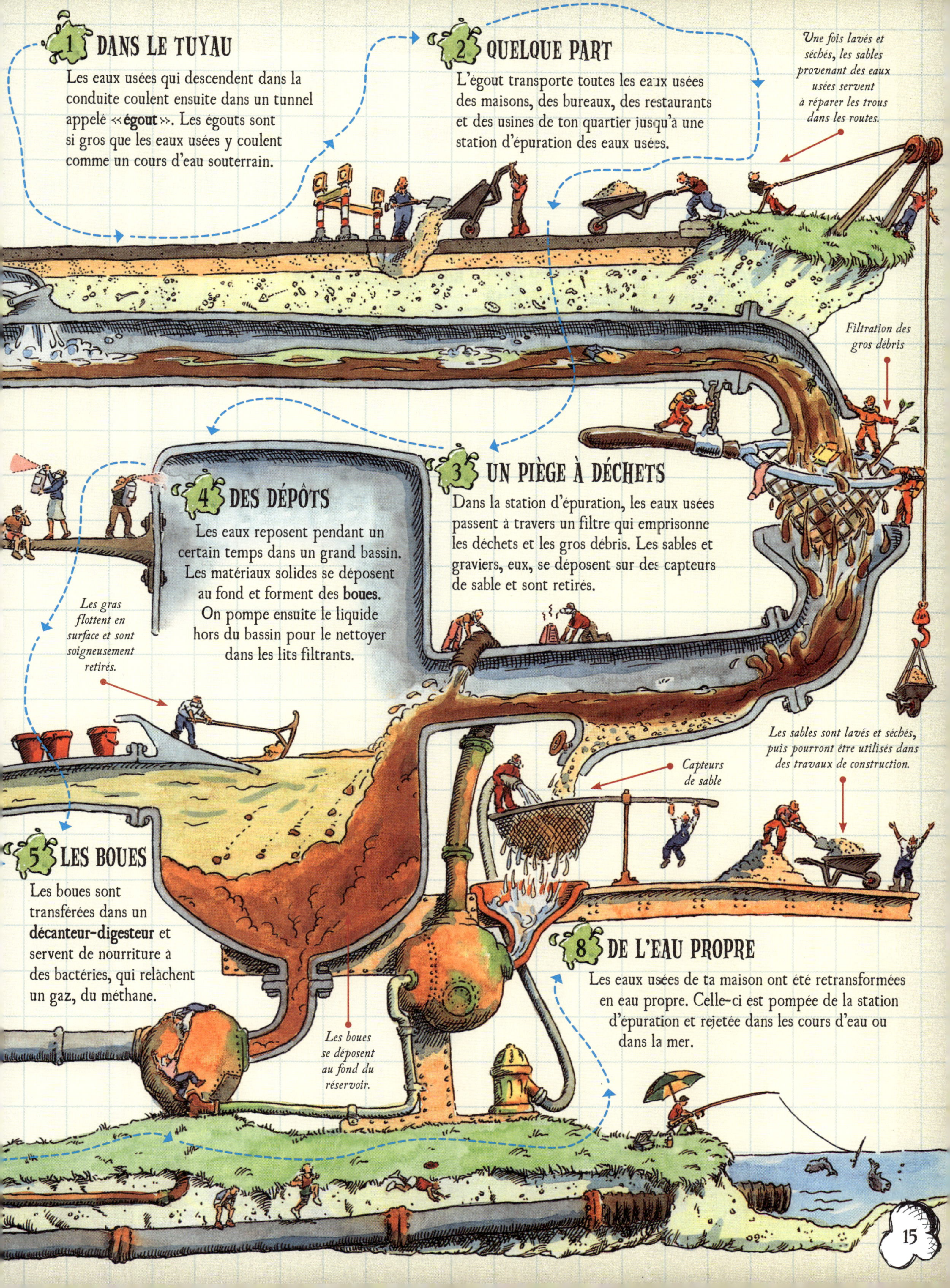

LES DÉCHETS

Quand tu sors les poubelles, est-ce que tu te demandes parfois ce qui arrive aux déchets ? Certains peuvent être **recyclés** et réutilisés, mais d'autres doivent être enfouis ou brûlés.

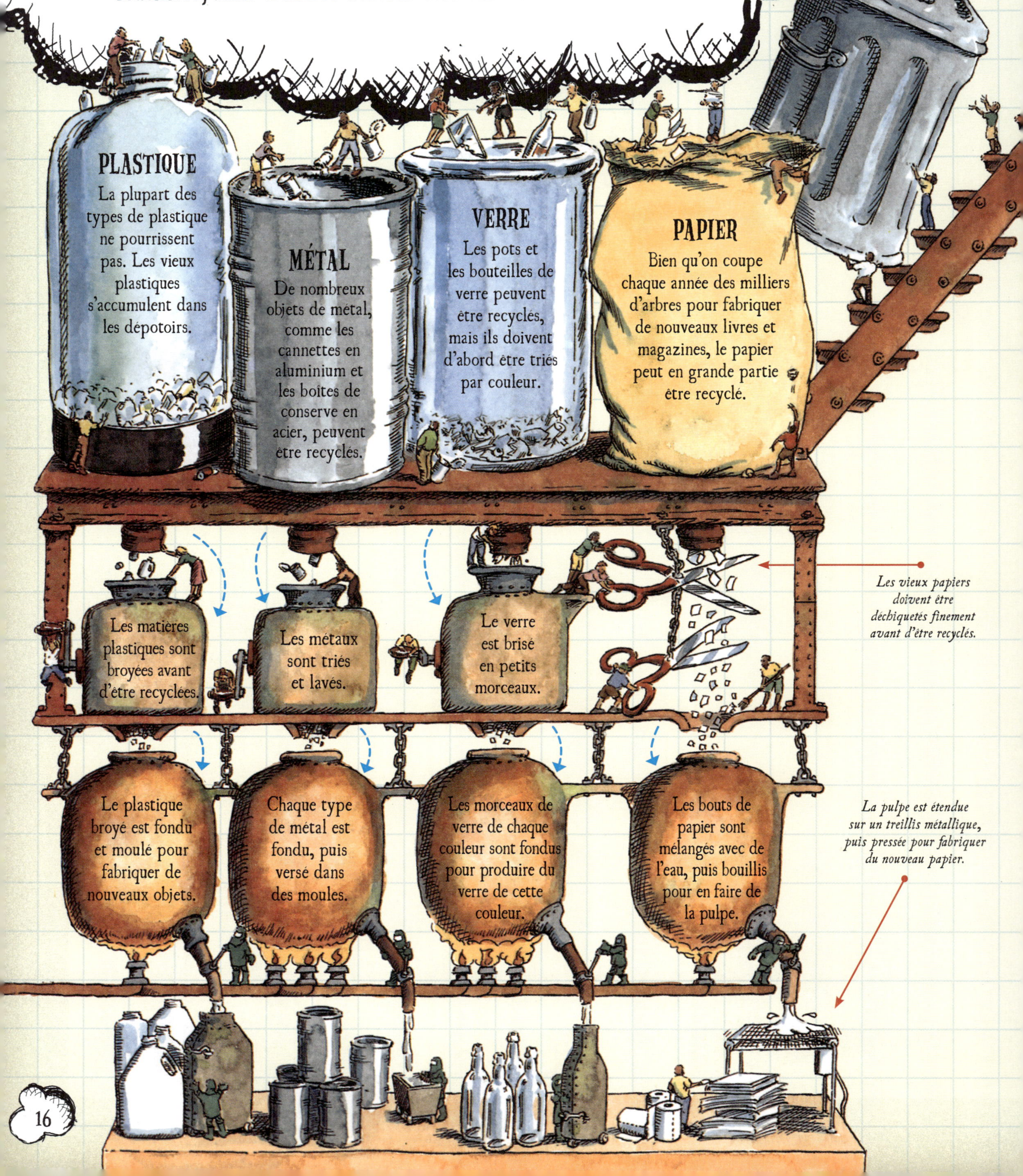

1 LA COLLECTE DES DÉCHETS

Des camions à ordures ramassent les déchets qui ne peuvent être recyclés. Ils les emportent dans des dépotoirs ou dans des **incinérateurs,** où ils seront brûlés.

2 À LA DÉCHARGE

Les déchets sont broyés en morceaux les plus petits possible. On les jette ensuite dans d'énormes trous ou fosses dans le sol, qu'on appelle « sites d'enfouissement ».

3 UNE ÉNORME ACCUMULATION

Les déchets broyés sont entassés dans un trou. En pourrissant, ils relâchent des gaz explosifs qui seraient dangereux s'ils s'accumulaient. On installe des canalisations sur les côtés du trou pour recueillir ou brûler ces gaz.

4 UNE NOUVELLE TERRE

Quand le trou est plein, on le referme. Une fois les gaz dangereux éliminés, le site peut être utilisé à d'autres fins.

1 PETIT, MOYEN OU GRAND ?

L'employé des postes apporte les lettres dans un bureau de tri. Là, un tapis roulant les conduit à une **trieuse**, qui sépare le courrier selon la taille des enveloppes : petites, moyennes ou grandes. Une machine vérifie si les lettres ont des timbres et une autre imprime un cachet indiquant où et quand elles ont été postées.

11 UN DERNIER TRI

Finalement, ta lettre arrive enfin dans sa ville de destination. Là, au bureau de poste local, les lettres sont de nouveau triées, cette fois par secteurs et par rues. Le courrier est maintenant prêt à être livré.

10 PARCOURIR LE PAYS

Si une lettre se rend dans une ville proche, elle y sera emportée par camion ou fourgonnette. Le courrier pour les endroits plus éloignés est parfois transporté par train. Mais, dans certains pays très vastes, les lettres doivent prendre un autre avion qui les transportera à l'autre bout du pays.

C'EST PARTI !

Une fois que tu as déposé ton enveloppe dans une boîte aux lettres, le service des postes peut commencer son travail. La collecte s'effectue à certaines heures de la journée, alors ta lettre peut rester dans le noir un certain temps avant qu'un employé des postes passe et la sorte de la boîte aux lettres.

12 DANS LA BOÎTE AUX LETTRES

La sacoche du facteur contient le courrier pour les habitations et les commerces. Chaque facteur s'occupe de toutes les lettres pour un petit secteur. Certains d'entre eux font la livraison du courrier par camion ou voiture, mais la plupart des facteurs le livrent à pied.

ENVOYER UNE LETTRE

uand on envoie une lettre de Paris, en France, à Sydney, ı Australie, elle réussit à se rendre à la bonne adresse. éplie ces pages pour découvrir ce qui se passe.

LA BONNE ADRESSE

Ta lettre n'arrivera jamais à destination si tu n'indiques pas la bonne adresse et le bon **code postal** sur l'enveloppe. À chaque section d'une rue ou à chaque ville, en fonction des pays, correspond un code postal, une séquence de chiffres et parfois de lettres. Ceux-ci aident les machines qui trient le courrier à déterminer les destinations.

Si tu n'as pas de parents ou d'amis qui vivent dans un autre pays, demande à tes parents ou à un enseignant de t'aider à trouver un correspondant à l'étranger.

COMMENT CETTE LETTRE FAIT-ELLE POUR SE RENDRE DE FRANCE

Si tu écris une lettre officielle, tu peux conclure en écrivant « Je vous prie d'accepter mes meilleures salutations », puis en signant de ton nom au complet.

Si tu écris à un ami, tu peux terminer ta lettre en écrivant « Amicalement » ou « Je t'embrasse », puis en signant de ton prénom.

Si tu écris à un ami, tu peux commencer ta lettre par « Cher… », avec le nom de ton ami.

Inscris ta propre adresse en haut de la page, pour que la personne à qui tu écris sache où envoyer sa réponse. Ajoute aussi la date.

À DOMICILE

C'est toujours excitant de recevoir une lettre, surtout quand elle arrive de loin. Ici, ta lettre est ouverte à Sydney, en ayant presque fait le tour du monde.

Souvent, les gens gardent les lettres qui leur sont précieuses pendant des années.

LES TIMBRES

Ta lettre ne se rendra pas à destination si elle n'est pas assez affranchie. Envoyer une lettre à l'étranger coûte habituellement plus cher que de l'envoyer à quelqu'un dans ton pays.

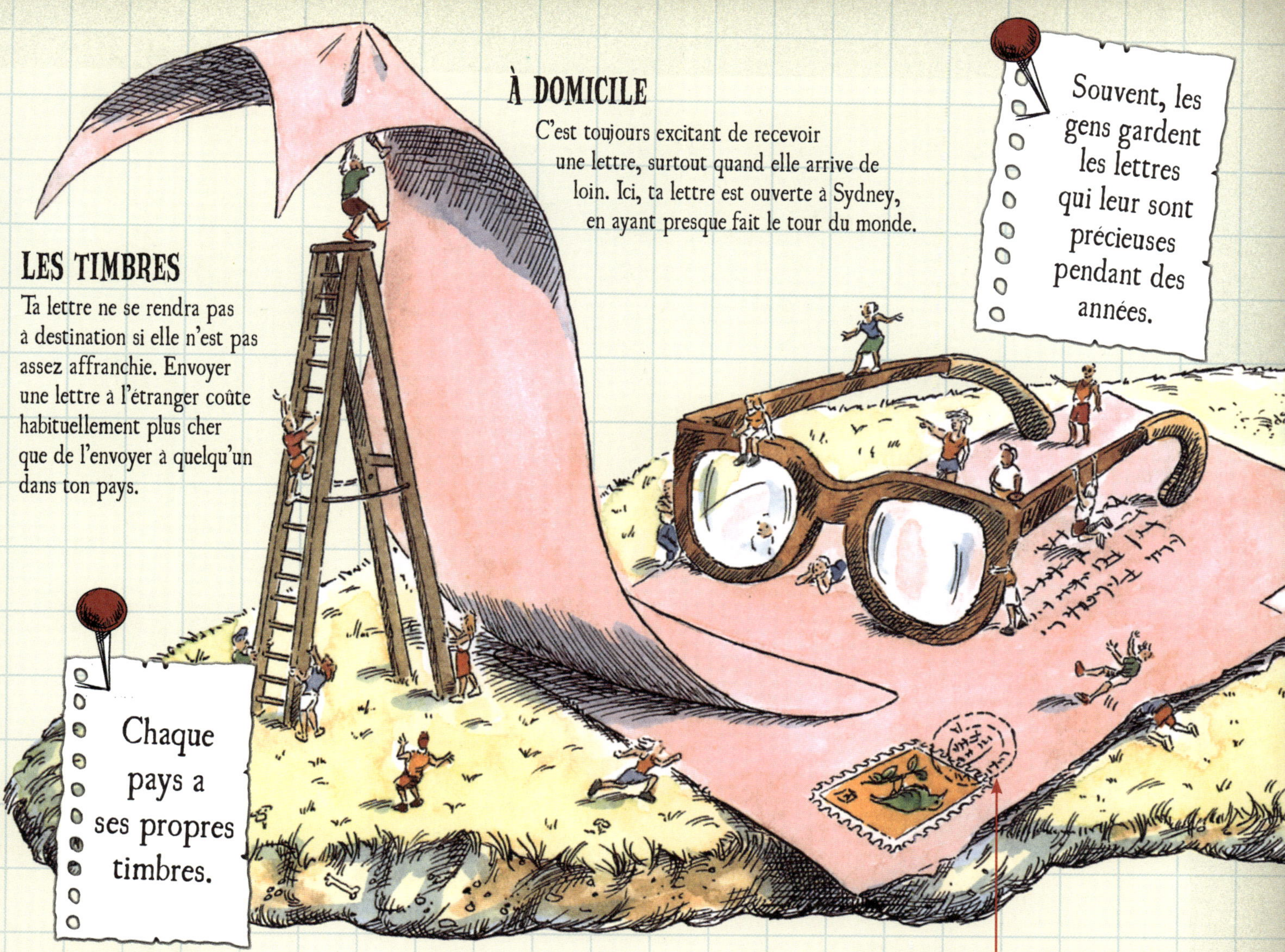

Chaque pays a ses propres timbres.

Le cachet indique où et quand la lettre a été postée.

JUSQU'À L'AUTRE BOUT DU MONDE, EN AUSTRALIE ?

Tu peux envoyer une lettre n'importe où dans le monde, mais elle peut prendre un certain temps pour arriver dans des endroits reculés, comme Tombouctou, dans le désert du Sahara, au Mali.

4 LE TRI DES LETTRES

Dans le bureau de tri, il y a un sac postal ou une boîte pour chaque ville et chaque pays étranger. Un lecteur de codes-barres lit le code-barres imprimé sur ta lettre et la dépose dans le sac destiné au courrier international.

5 PAR AVION

Un gros camion livre à l'aéroport toutes les boîtes et sacs postaux à destination de l'Australie. On les charge dans un avion. Certains gros objets sont envoyés à l'étranger par bateau, mais la majeure partie du courrier est envoyée par avion, ce qui est beaucoup plus rapide.

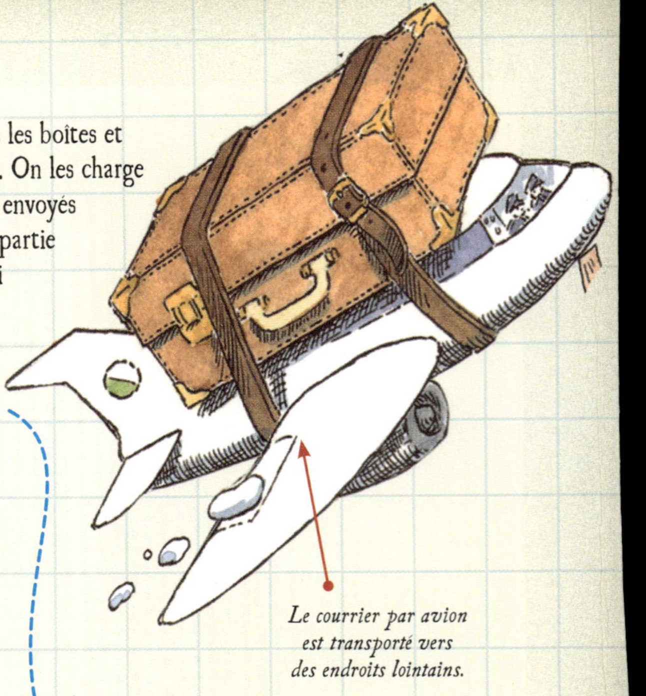

7 COURRIER D'ÉTÉ

La lettre a été postée en hiver en France, mais quand l'avion atterrit en Australie, c'est l'été ! En effet, dans l'hémisphère Sud, les saisons sont décalées de six mois par rapport à celles de l'hémisphère Nord.

6 UN LÉGER DÉCALAGE

Il y a 8 heures de décalage entre Paris et Sydney. Donc si l'avion atterrit à midi, heure de Paris, il est en réalité 20 h à Sydney !

2 OÙ ALLER ?

Un appareil appelé un « **lecteur optique de caractères** » numérise ce qui est écrit au recto de l'enveloppe, pour savoir où ta lettre doit aller. Il transmet ensuite cette information à une imprimante de codes-barres.

3 UN CODE-BARRES

L'imprimante de codes-barres imprime une rangée de barres épaisses et minces, qu'on appelle « code-barres », sur ta lettre pour indiquer sa destination. Seuls des appareils appelés « lecteurs de codes-barres » sont capables de déchiffrer ce code.

8 AUX ANTIPODES

Le courrier est déchargé de l'avion et emporté par camion dans un autre bureau de tri. La lettre est maintenant entre les mains des services postaux australiens.

9 ET MAINTENANT ?

Un lecteur de codes-barres balaie les codes-barres sur les lettres pour connaître leur destination. Il dépose ensuite chaque lettre dans un sac postal ou une boîte selon l'endroit déterminé.

LE FOUR À MICRO-ONDES

Un four à micro-ondes réchauffe les aliments en une fraction du temps que cela prendrait à un four conventionnel, et le four lui-même ne devient pas chaud. À l'aide d'un dispositif appelé un «magnétron», il projette une forme d'énergie très puissante qu'on appelle «**micro-ondes**».

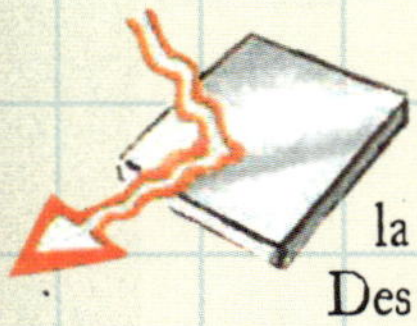

QUE SONT LES MICRO-ONDES?

Les micro-ondes se déplacent à 300 000 kilomètres à la seconde et peuvent traverser l'air, les aliments ou le vide. Des micro-ondes provenant de l'espace nous heurtent sans arrêt, mais elles sont si faibles qu'elles n'ont aucun effet sur nous. L'énergie utilisée dans les fours à micro-ondes est beaucoup plus puissante.

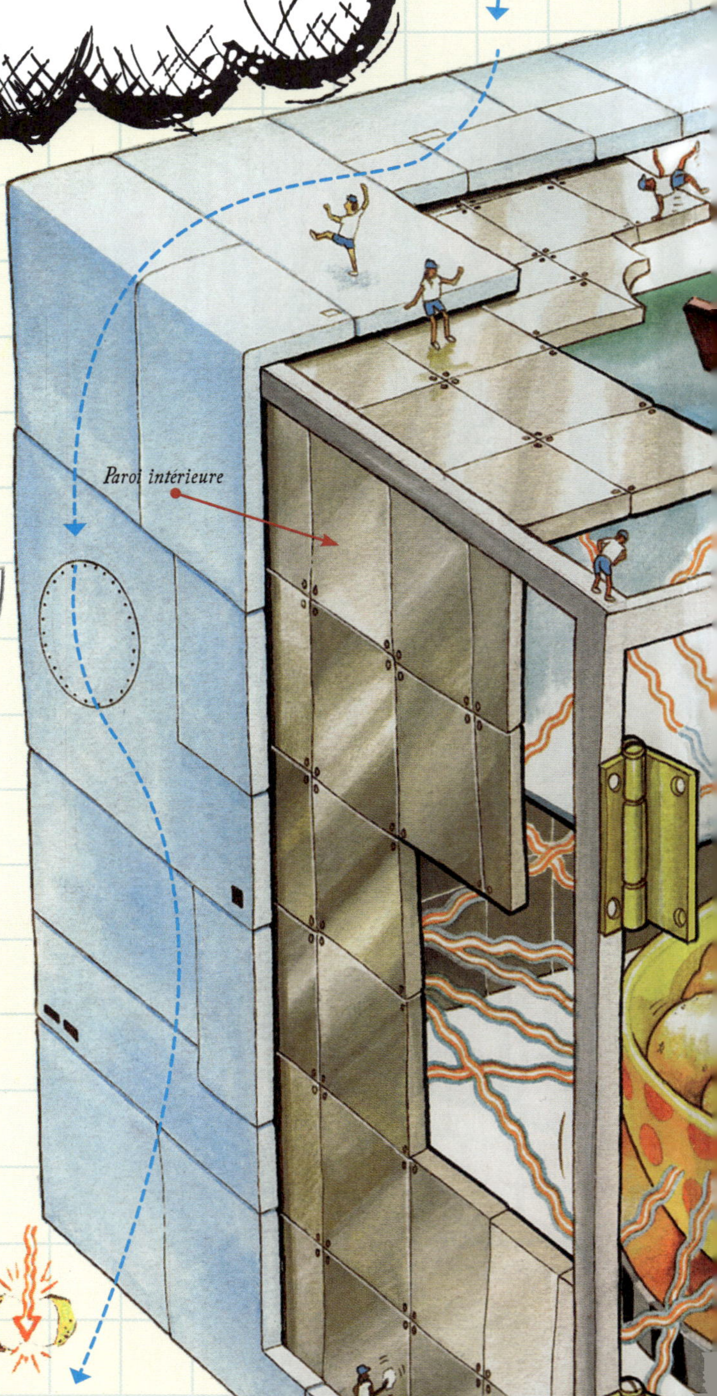

CUISINER AVEC DES ONDES

Quand l'énergie des micro-ondes traverse les **molécules** d'eau présentes dans les aliments, les molécules se mettent à se déplacer rapidement. Ce mouvement produit de la chaleur qui fait cuire les aliments.

1 FROID

Dans les aliments froids, les molécules d'eau sont réparties au hasard. Elles se déplacent, mais lentement.

2 TIÈDE

Quand les micro-ondes traversent les aliments, les molécules d'eau bougent rapidement dans toutes les directions.

3 CHAUD

En se déplaçant rapidement, les molécules produisent de la chaleur, qui se répand dans les aliments et les cuit.

4 DE L'INTÉRIEUR

Les micro-ondes entrent dans les aliments et les font chauffer, ce qui les fait cuire de l'intérieur vers l'extérieur. Un four conventionnel, au contraire, réchauffe l'air autour des aliments.

3 DIFFUSER LES ONDES

Les micro-ondes ne peuvent pas traverser le métal, alors elles rebondissent sur les pales du répartiteur et sont projetées dans toutes les directions à l'intérieur du four.

2 CRÉER DES MICRO-ONDES

Quand tu appuies sur le bouton de mise en marche, un magnétron se sert de l'**électricité** pour produire un faisceau de micro-ondes. Ce faisceau se déplace dans le haut du four et frappe un ventilateur de métal, qu'on appelle un « répartiteur ».

5 UNE COUCHE PROTECTRICE

Le four est recouvert d'une paroi protectrice, pour empêcher les ondes de s'en échapper, ce qui causerait des pertes d'énergie. Les fuites de micro-ondes seraient aussi dangereuses pour les gens qui se trouvent près du four.

1 EN UN CLIN D'ŒIL!

Avant d'appuyer sur le bouton de mise en marche de l'appareil, tu dois régler la minuterie. Le four à micro-ondes cuit les aliments très rapidement, alors il est important de bien régler le temps de cuisson.

LE RÉFRIGÉRATEUR

Le réfrigérateur est un appareil très important, parce qu'il permet de conserver les aliments en les gardant au froid. On n'en voit habituellement jamais l'arrière, mais nous avons retourné celui-ci pour te montrer toutes ses parties.

Le réfrigérateur fonctionne en captant la chaleur qui se trouve à l'intérieur et en l'envoyant à l'extérieur. Il fait cela en faisant circuler continuellement un liquide spécial, appellé «frigorigène», dans un long conduit en serpentin. Sur son trajet, le frigorigène passe de l'état liquide à l'état gazeux, puis redevient liquide. Quand le frigorigène devient gazeux, il absorbe la chaleur des aliments. En redevenant liquide, il libère la chaleur dans la cuisine.

1 GARDER AU FRAIS

Si tu vas te baigner et que tu sors de l'eau sans t'essuyer, tu vas rapidement avoir froid. C'est parce que l'eau qui se trouve sur ta peau, chauffée par ton corps, commence à **s'évaporer** (devient de la vapeur) et t'enlève ta chaleur. De la même façon, un réfrigérateur devient froid quand la chaleur contenue à l'intérieur transforme le liquide frigorigène en **vapeur**.

MAUVAISES NOUVELLES POUR LES MICROBES

On trouve des microbes sur tous les aliments. Dans des conditions chaudes, ces microbes se développent rapidement et peuvent gâter les aliments. Au froid dans un frigo, ils se développent moins rapidement, les aliments peuvent donc rester frais plus longtemps.

2 À L'INTÉRIEUR

Quand le frigorigène entre dans le congélateur, il traverse une étroite **buse** et se déplace dans une série de conduits. Dans ces conduits, le liquide frigorigène absorbe la chaleur contenue dans le congélateur et se dilate, devenant de la vapeur. Le congélateur se refroidit, et son contenu devient très froid.

3 RETOUR AU COMPRESSEUR

Le frigorigène sort alors du congélateur, transportant la chaleur des aliments qu'il a absorbée. Il descend ensuite vers le **compresseur** (une petite pompe), qui applique une **pression** sur le frigorigène gazéifié. Le frigorigène est alors comprimé et repasse à l'état liquide, libérant de la chaleur.

4 DES PERTES DE CHALEUR

Après être passé dans le compresseur, le frigorigène zigzague à l'arrière du réfrigérateur le long d'un autre conduit. Au cours de ce trajet, la pression du compresseur continue de transformer le frigorigène vaporisé en liquide. Cela libère la chaleur absorbée dans le congélateur. La chaleur sort du conduit le long de tiges métalliques et s'échappe dans l'air.

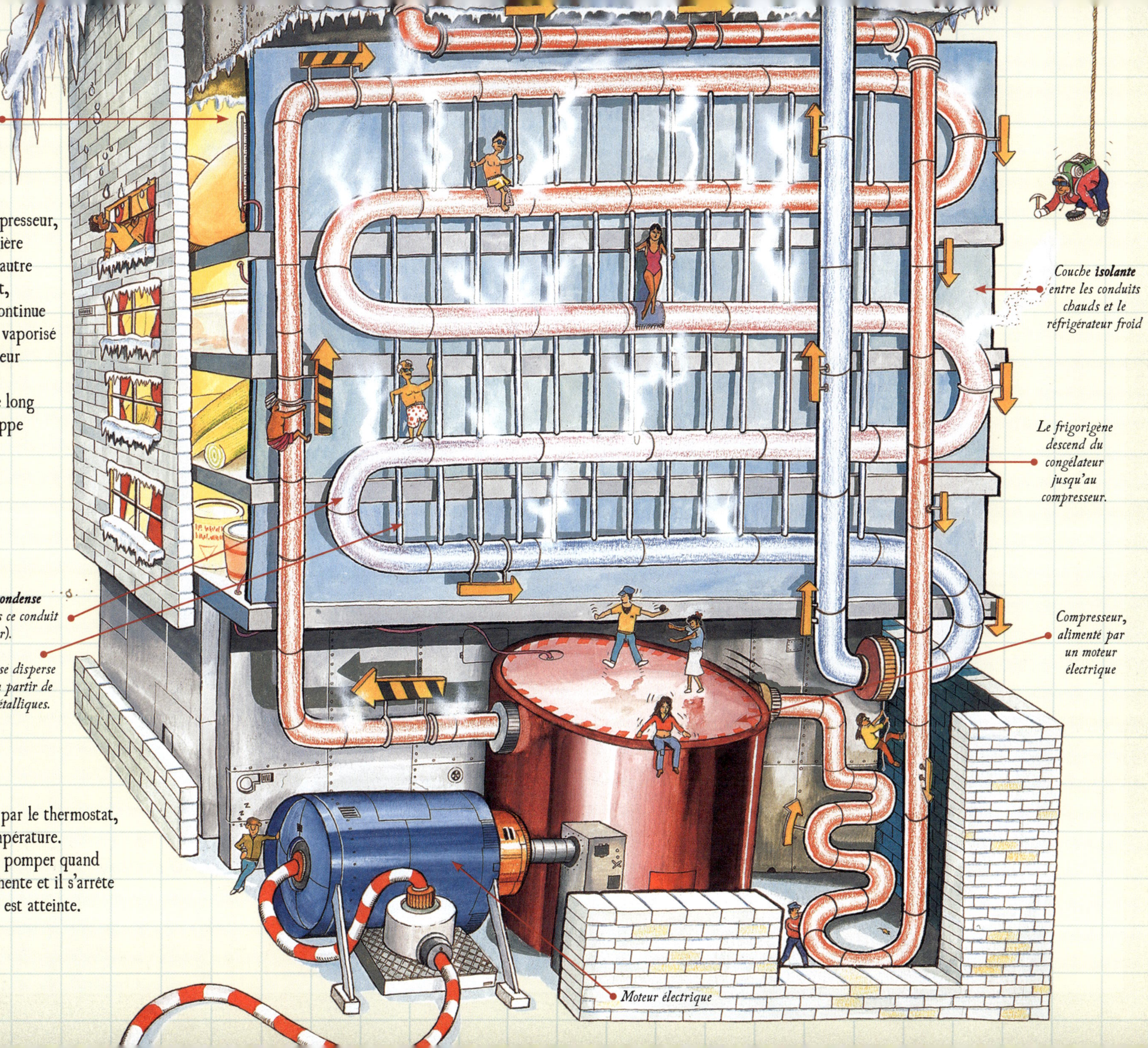

5 À LA BONNE TEMPÉRATURE

Le compresseur est contrôlé par le thermostat, un dispositif qui règle la température. Le compresseur commence à pomper quand la température du frigo augmente et il s'arrête quand la température voulue est atteinte.

LA MACHINE À LAVER

Autrefois, les gens lavaient leurs vêtements à la main, se servant de pierres dans les rivières pour les frotter et en enlever les saletés. La technologie a beaucoup simplifié cette corvée, mais ce qui arrive aux vêtements reste assez identique. À l'aide de tambours, de ressorts, de courroies, de **roulements à billes** et, bien sûr, de détergent, la machine à laver moderne élimine la saleté de tes vêtements, puis les essore jusqu'à ce qu'ils soient presque secs. La machine suit des programmes spéciaux qui font subir aux vêtements des cycles de trempage, de lavage et de rinçage, jusqu'à ce qu'ils soient prêts à être placés dans un sèche-linge ou suspendus sur une corde pour sécher.

1 CHOISIR LE PROGRAMME

Sur le tableau de commande, tu peux choisir le programme de lavage qui convient à tes vêtements. Certains tissus sont beaucoup plus délicats que d'autres et nécessitent un lavage plus en douceur. Chaque programme établit la durée du cycle de lavage, la vitesse à laquelle le tambour intérieur tourne et la température de l'eau.

2 LES NETTOYANTS CHIMIQUES

Avant de faire démarrer la machine, tu dois y verser du détergent. Les détergents contiennent plus d'une douzaine d'ingrédients. Certains aident à faire pénétrer l'eau dans le tissu, tandis que d'autres enlèvent les taches et les saletés. Beaucoup de détergents contiennent aussi des **enzymes.** Ces composés chimiques décomposent certaines substances, comme le gras ou le sang.

3 C'EST PARTI !

La machine à laver est actionnée par un moteur électrique (page 47).

4 LES TAMBOURS

Le moteur est relié au tambour intérieur par une courroie de transmission. Quand tu mets la machine en marche, la courroie de transmission fait tourner le tambour sur des roulements à billes. Le tambour est rempli de trous qui permettent à l'eau d'y entrer et d'en sortir. Quand le tambour tourne, les vêtements entrent en contact les uns avec les autres et avec les parois du tambour. C'est cette agitation qui, avec l'aide du détergent, nettoie les vêtements. Le tambour extérieur ne bouge pas et forme un compartiment étanche quand la porte est fermée.

5 FAIRE SORTIR L'EAU

L'eau entre dans la machine à laver grâce à sa propre **pression**, mais, lorsqu'on n'en a plus besoin, elle doit être pompée vers l'extérieur. Une pompe tire l'eau du tambour extérieur, la fait passer à travers un filtre, puis la fait gicler dans le tuyau de vidange.

6 DE PUISSANTS RESSORTS

Une fois l'eau évacuée, la machine essore les vêtements. Le tambour intérieur peut tourner à plus de 1 000 tours par minute. Si les vêtements sont mal répartis, cela crée de fortes vibrations. Des ressorts très robustes absorbent la plus grande partie de ce mouvement, mais des poids sont aussi incorporés à la machine pour éviter qu'elle tombe en morceaux à force d'être secouée.

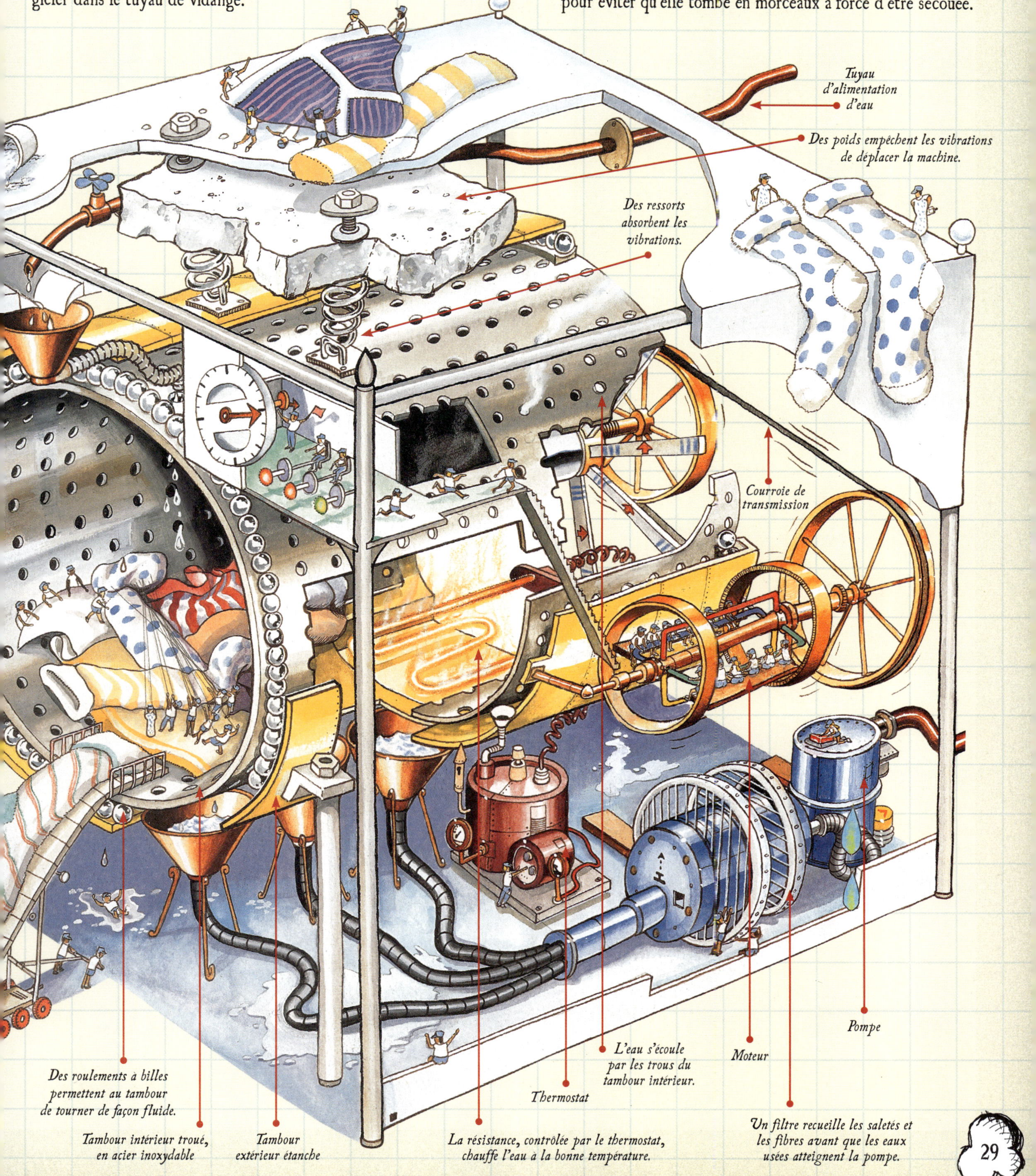

LE GRILLE-PAIN

Les amoureux du petit-déjeuner pensent sans doute que c'est l'appareil le plus important jamais inventé. Il grille le pain à la perfection et s'éteint automatiquement dès que les tranches sont prêtes. Ce grille-pain coupé en deux nous aidera à répondre à la question que se posent tous les amateurs de pain grillé : comment le grille-pain sait-il que les toasts sont prêts ? La réponse se trouve dans un minuscule dispositif appelé « bilame », qui réagit à la chaleur en changeant de forme. Le bilame est réglé de façon à relâcher une languette de retenue juste au bon moment, ce qui fait remonter la tranche de pain et l'empêche de brûler.

1 ET QUE ÇA CHAUFFE !

Le pain est grillé entre deux éléments électriques doublés d'un écran de protection résistant à la chaleur. En réfléchissant la chaleur vers la tranche de pain, cet écran empêche le boîtier du grille-pain de chauffer.

4 ACTION/RÉACTION

Quand le courant circule dans la couronne de fil métallique du grille-pain, il produit un puissant **champ magnétique**. Ce champ attire une languette de retenue en métal. Quand cette languette se déplace, elle relâche le levier qui maintient la tranche de pain dans le grille-pain.

5 RÉGLÉ À LA PERFECTION

Certains grille-pain ne sont pas contrôlés par un bilame, mais par une minuterie. Quand la minuterie atteint le zéro, elle active un interrupteur qui allume l'**électroaimant** (page 56).

6 PRÊT À DÉCOLLER !

Quand tu places du pain dans l'appareil et descends la poignée, tu étires une paire de ressorts en métal. Cela enclenche une languette de retenue dans une barre métallique à charnière, et le pain est maintenu en place. Quand le pain est prêt, la barre métallique est relâchée, les ressorts se contractent, et la tartine est propulsée vers le haut.

2 SOUS LE POIDS DE LA CHALEUR

Le petit bilame est une pièce maîtresse du grille-pain. Il est composé de deux lames de métaux différents. Quand le grille-pain se met à chauffer, l'un des métaux se dilate plus que l'autre, et le bilame commence à s'incurver. Le bilame finit par être tellement courbé qu'il touche un **contact** électrique. Cela permet au **courant** de circuler dans les fils entourant l'électroaimant, qui à son tour relâche la languette de retenue.

3 JUSTE À POINT

Le contrôle de brunissage ajuste la distance entre le bilame et le contact de métal. Plus la distance est grande, plus le bilame doit s'incurver, et plus le pain est grillé.

LE ROBOT CULINAIRE

Quand on fait la cuisine à la main, plusieurs tâches prennent du temps, comme râper du fromage, mélanger la pâte ou trancher des carottes. Un robot culinaire fait le travail de façon bien plus rapide et efficace. Il peut hacher, liquéfier, pétrir, mélanger ou trancher en quelques secondes !

Un dispositif simple sur le couvercle du robot sert à éviter les accidents. Un loquet situé sur le couvercle est relié à un interrupteur de sécurité. Si le couvercle est en place et fixé correctement, l'interrupteur permet au **courant** de circuler dans le moteur. Par contre, si on a enlevé le couvercle ou s'il n'est pas placé correctement, le moteur ne fonctionnera pas.

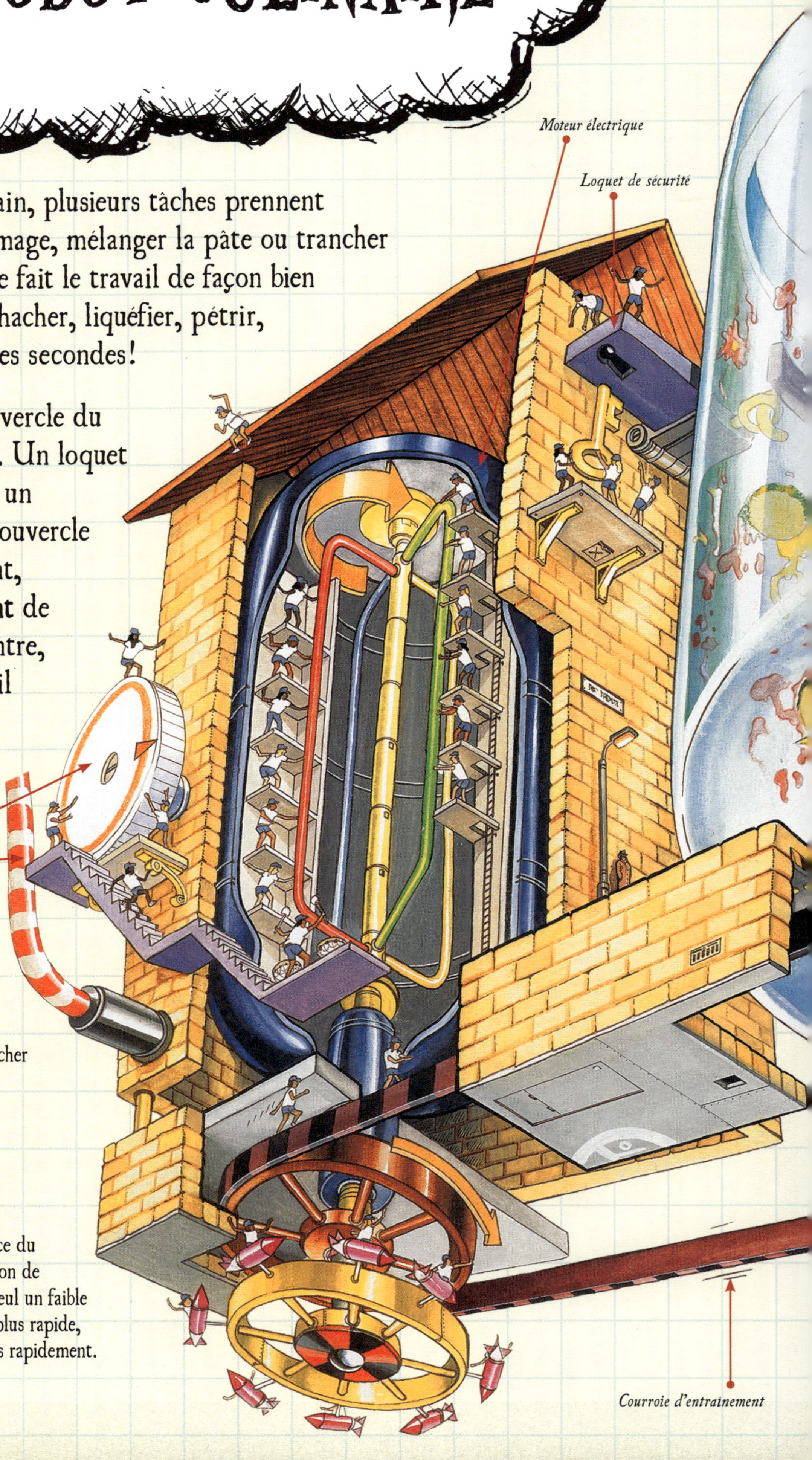

SOUS TENSION

Le robot culinaire utilise un moteur électrique pour faire tourner les accessoires. Ce moteur ne produit qu'environ un centième de la puissance d'un moteur de voiture, mais c'est suffisant pour hacher à peu près n'importe quel aliment.

CONTRÔLER LA VITESSE

La vitesse du moteur est déterminée par la force du courant électrique qui y circule. Quand le bouton de commande est réglé à la vitesse la plus basse, seul un faible courant circule dans le moteur. À la vitesse la plus rapide, le courant est plus fort et le moteur tourne plus rapidement.

DES OUTILS SPÉCIAUX POUR DIFFÉRENTES TÂCHES

Un robot culinaire est équipé d'un ensemble d'accessoires pour hacher, trancher ou mélanger divers types d'aliments.

LE BATTEUR

Le batteur contient des **engrenages** qui font tourner les deux fouets à grande vitesse. En tournant, les fouets incorporent de l'air dans les aliments. Le batteur sert à battre de la crème ou des blancs d'œufs.

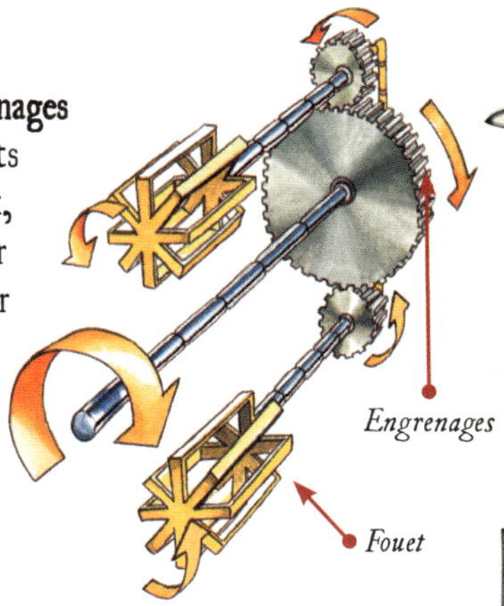

LE PÉTRIN

Cet accessoire tourne lentement et malaxe un mélange de farine et de liquide pour en faire une pâte. Le pétrin est aussi utilisé pour incorporer des ingrédients à une préparation.

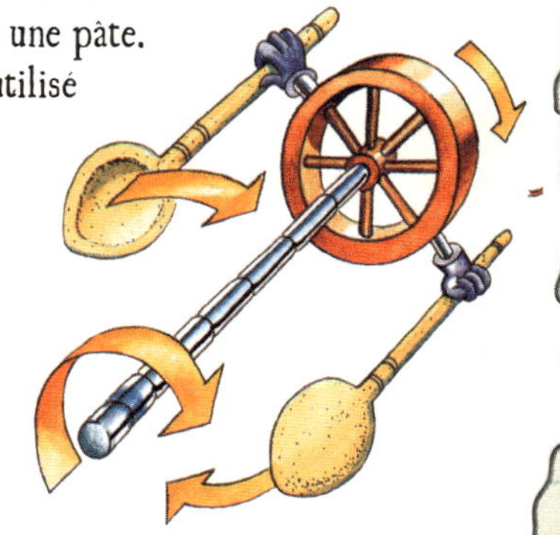

MÉLI-MÉLO!

Si tu veux mélanger, hacher ou battre plusieurs aliments en même temps, tu peux les placer directement dans le bol, fermer le couvercle et mettre l'appareil en marche. Tu peux aussi laisser tomber une petite quantité d'aliments à la fois dans l'entonnoir du couvercle pendant que le moteur tourne. Ainsi, tu n'as pas besoin d'arrêter le moteur et tes doigts sont protégés.

C'EST L'HEURE DE LA PIZZA !

Cela t'agace peut-être de devoir attendre une heure avant d'obtenir ta pizza, mais, en fait, il faut environ un an pour cultiver et recueillir tous les ingrédients.

1 PRÉPARÉE À LA DEMANDE

Dès que la pizzeria reçoit ta commande, les pizzaiolos passent à l'action. D'abord, ils mélangent de la levure, du sucre, de l'eau et un peu de farine, puis laissent reposer le tout.

2 ÇA MOUSSE

La levure fait **fermenter** le sucre. Cela veut dire que le sucre se transforme en alcool et libère des bulles d'un gaz appelé «dioxyde de carbone», qui fait mousser le mélange.

3 LE POUVOIR DES BULLES

Ensuite, on verse le mélange dans un bol avec de l'huile d'olive, du sel et encore de la farine, pour former une pâte. Les bulles sont comme des millions de minuscules ballons. Elles rendent la pâte légère et aérée. Sans les bulles de gaz, la pâte à pizza serait dense et lourde.

4 ON PÉTRIT

On place la pâte sur une planche et le chef la pétrit, la pousse et l'écrase pour en faire une boule lisse.

LES INGRÉDIENTS DE LA CROÛTE

LE BLÉ

On cultive le blé à partir de graines et on le récolte lorsqu'il est mûr.

Les grains sont moulus (broyés) en poudre fine. Autrefois, on utilisait de lourdes pierres. Cette poudre est la farine qu'on utilise pour préparer la croûte de la pizza.

LE SEL

On trouve le sel dans le sol. On coupe d'énormes blocs dans les mines de sel.

Les blocs de sel sont broyés, puis les minuscules cristaux sont séchés et emballés.

À la pizzeria, le sel est versé dans des salières, prêt à être utilisé.

LA LEVURE

La levure est un champignon ; on le fait pousser dans de grandes cuves chaudes.

Quand la levure est prête, on la sort des cuves, on la sèche et on la coupe en morceaux ; c'est la « levure de boulanger ».

Les cubes de levure séchés sont alors emballés, prêts à être vendus.

L'HUILE D'OLIVE

Les olives poussent sur des arbres dans certains pays chauds.

On les cueille, puis on les écrase dans une presse à vis.

Tout le jus est extrait des olives et recueilli dans des bouteilles. C'est l'huile d'olive.

L'huile est livrée à la pizzeria.

LE SUCRE

Le sucre vient d'une plante appelée « canne à sucre ». Quand elle est mûre, on coupe la canne.

On écrase la canne à sucre pour en extraire le jus. On fait bouillir ce liquide jusqu'à ce que l'eau qu'il contient s'**évapore**. On obtient alors des cristaux de sucre.

Les blocs de cristaux de sucre sont ensuite coupés en cubes.

FAIRE UNE PIZZA

Dans bien des parties du monde, on peut se faire livrer un repas tout prêt en passant un simple coup de fil. Quand tu commandes une pizza, par exemple, la pizzeria arrive, d'une manière ou d'une autre, à rassembler des ingrédients de tous les coins du monde et à t'envoyer une pizza toute fraîche en moins d'une heure. Déplie ces pages pour voir exactement comment cela se passe.

UN MONDE AFFAMÉ

Autrefois, la plupart des gens se nourrissaient d'aliments cultivés et produits localement. C'est encore le cas dans de nombreux endroits du monde, surtout dans des régions rurales éloignées des grandes villes. Mais dans des endroits comme l'Amérique du Nord, l'Europe, le Japon et l'Australie, les gens peuvent manger des aliments qui proviennent de partout dans le monde. Au déjeuner, ton jus d'orange pourrait venir de Floride, aux États-Unis, le blé qui a servi à faire ton pain pourrait provenir de l'Ouest canadien, le beurre, de Nouvelle-Zélande, et les abricots dans la confiture, d'Espagne!

COMMENT UNE PIZZERIA PEUT-ELLE LIVRER UNE PIZZA AUSSI VITE?

QU'EST-CE QU'ON PREND ?

On peut commander tellement de plats différents que le choix est parfois difficile! À part la pizza, il y a les curry indiens, les nouilles sautées chinoises, les burgers américains, les pâtes italiennes, etc. Nous avons choisi de commander une pizza tomates et fromage, avec des anchois. Si tu n'aimes pas ce que nous avons choisi, ne t'en fais pas, il y a bien d'autres plats sur la carte !

Le simple fait de regarder la carte donne l'eau à la bouche, n'est-ce pas? Alors, prends le téléphone et, sans attendre, passe ta commande.

DE BIEN BONNES CHOSES

En plus d'être savoureuse, notre pizza est constituée d'aliments utiles qui contiennent des vitamines dont notre corps a besoin pour bien fonctionner et pour rester en bonne santé.

D'OÙ TOUT CELA VIENT-IL ?

Notre pizza est faite à partir des ingrédients suivants : blé, levure, sucre, tomates, sel, huile d'olive, fromage mozzarella et anchois. Cette carte montre les principales régions d'où peuvent venir ces aliments, à l'exception de la levure, qu'on produit dans de nombreuses régions du monde.

5 LE TOURNE-DISQUE

Quand la pâte est prête, on la façonne en la faisant tourner pour former un disque. Un pizzaiolo expert peut la faire tourner sur un doigt !

Maintenant que la croûte est prête, on peut ajouter la garniture.

6 ON GARNIT

On commence à garnir la plupart des pizzas en étalant une couche de sauce tomate. Sur notre pizza, on ajoute du fromage mozzarella et des anchois.

7 AU FOUR !

On fait habituellement cuire les pizzas dans des fours spéciaux pour s'assurer d'une cuisson uniforme. En chauffant, les bulles dans la pâte grossissent et rendent la pizza plus épaisse et plus légère.

Au bout de seulement 8 à 15 minutes au four, la pizza est cuite.

8 CHAUD DEVANT !

Quand la pizza sort du four, la pâte est parfaite et la garniture est brûlante.

9 COUPEZ !

Le pizzaiolo place la pizza dans une boîte en carton et la coupe en parts à l'aide d'un couteau spécial, en forme de roue au bord coupant. Ça commence à sentir bon, n'est-ce pas ?

10 UNE PIZZA À LIVRER !

Un livreur emballe ta pizza. Il vérifie ton adresse et livre la pizza chez toi.

11 DING-DONG !

On sonne à la porte. C'est le livreur avec ta commande. Tu ouvres la boîte et elle est là, ta pizza préférée – bien chaude, toute fraîche et prête à être dégustée. Bon appétit !

LES INGRÉDIENTS DE LA GARNITURE

Le caillé est séparé du petit-lait et pressé dans un moule, où on le laisse se transformer en fromage.

On vend habituellement les boules de fromage dans des sacs de plastique remplis d'eau pour en garder la fraîcheur.

LE FROMAGE MOZZARELLA

On fait chauffer le lait de vache pour tuer les microbes.

Le lait caille et forme des grains de caillé solides et du petit-lait liquide.

LES TOMATES

On cueille les tomates sur les plants quand elles sont mûres.

On les fait cuire et on les tamise ; on peut aussi les battre pour en faire une purée.

Des machines chauffent les tomates pour en faire une sauce, dont on remplit des boîtes de conserve.

LES ANCHOIS

Les anchois sont pêchés dans la mer, à l'aide de filets à mailles serrées. On les apporte ensuite dans des usines, où on les coupe et on enlève les arêtes.

On met les poissons en conserve.

On ajoute de l'huile végétale ou de l'huile d'olive, pour que les poissons restent juteux et frais.

L'ASPIRATEUR

Vingt-quatre heures sur vingt-quatre, une tempête invisible crée des accumulations de poussière dans nos maisons. Une partie de cette poussière s'engouffre quand nous ouvrons les portes ou les fenêtres, mais elle est surtout composée de minuscules fibres qui tombent de nos vêtements et de microscopiques plaques de peau morte qui se détachent de notre épiderme. Si on ne l'enlève pas, la poussière s'accumule rapidement sur toutes les surfaces de la maison. Heureusement, il existe un moyen simple de s'en débarrasser. L'aspirateur crée une **succion** qui permet de ramasser ces particules de poussière. Elles sont stockées dans un sac qu'on peut ensuite jeter.

3 LA POUSSIÈRE EST EN ROUTE !

Une fois délogée du tapis, la poussière est aspirée dans un tuyau. Le tuyau la transporte à travers l'appareil, jusque dans le sac à poussière.

4 UN NETTOYAGE PAR SUCCION

Le sac à poussière se trouve dans un compartiment situé dans la partie supérieure de l'aspirateur, protégé par un filtre. Le compartiment est étanche à l'air, mais de minuscules trous dans le sac à poussière laissent passer l'air jusqu'à un ventilateur en dessous. Quand l'appareil est mis en marche, le ventilateur aspire l'air du compartiment, créant un vide partiel. La succion qui en résulte attire l'air et la saleté le long du tuyau et dans le sac.

5 PLEIN DE SALETÉ ?

Chaque fois qu'on met l'aspirateur en marche, le sac à poussière se gonfle comme un ballon. Cela est dû au fait que la **pression de l'air** à l'intérieur du sac devient plus grande que la pression de l'air qui l'entoure.

6 UN SAC PLEIN DE POUSSIÈRE

Le sac est fait d'un matériau spécial qui laisse passer l'air, mais retient la poussière et la saleté à l'intérieur. À mesure que le sac se remplit de poussière et de saletés, l'air a plus de difficulté à le traverser. En conséquence, la succion diminue et l'aspirateur nettoie moins bien.

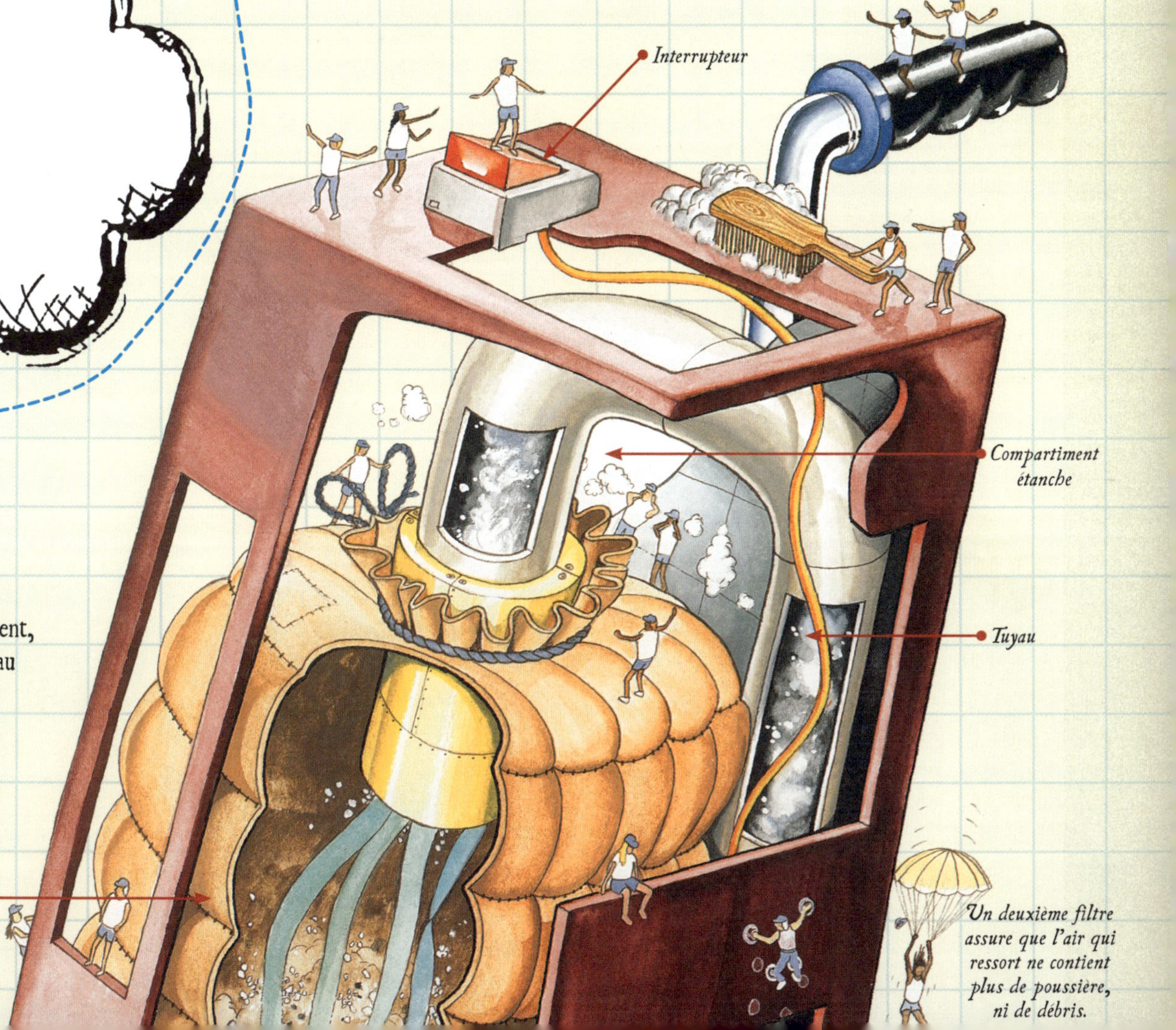

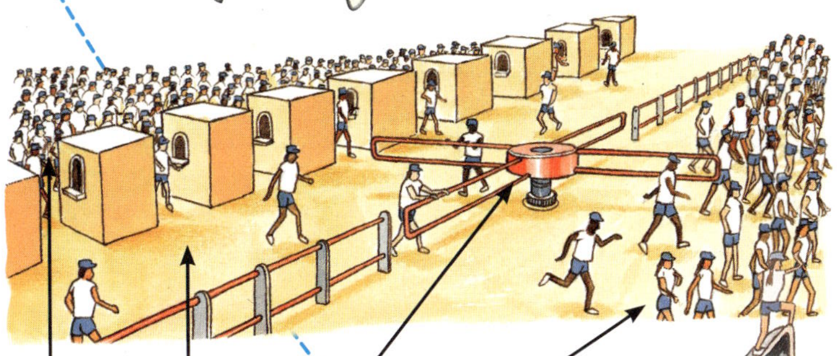

QU'EST-CE QU'UN VIDE ?

Une pièce remplie d'air contient des milliards de minuscules particules appelées «**atomes**», qui se répartissent constamment de façon uniforme pour remplir tout l'espace qui les entoure. Un vide ne contient aucun atome. Si le véritable vide n'existe pas, parce qu'il y a toujours quelques atomes en un lieu donné, on peut toutefois créer un vide partiel à l'aide d'un aspirateur. Dans un vide partiel, il y a moins d'atomes que dans l'air environnant, et de l'air y pénètre rapidement pour en rétablir la pression. Dans un aspirateur, cet air s'engouffre dans un tube étroit, créant une forte succion qui entraîne la poussière et la saleté dans l'appareil.

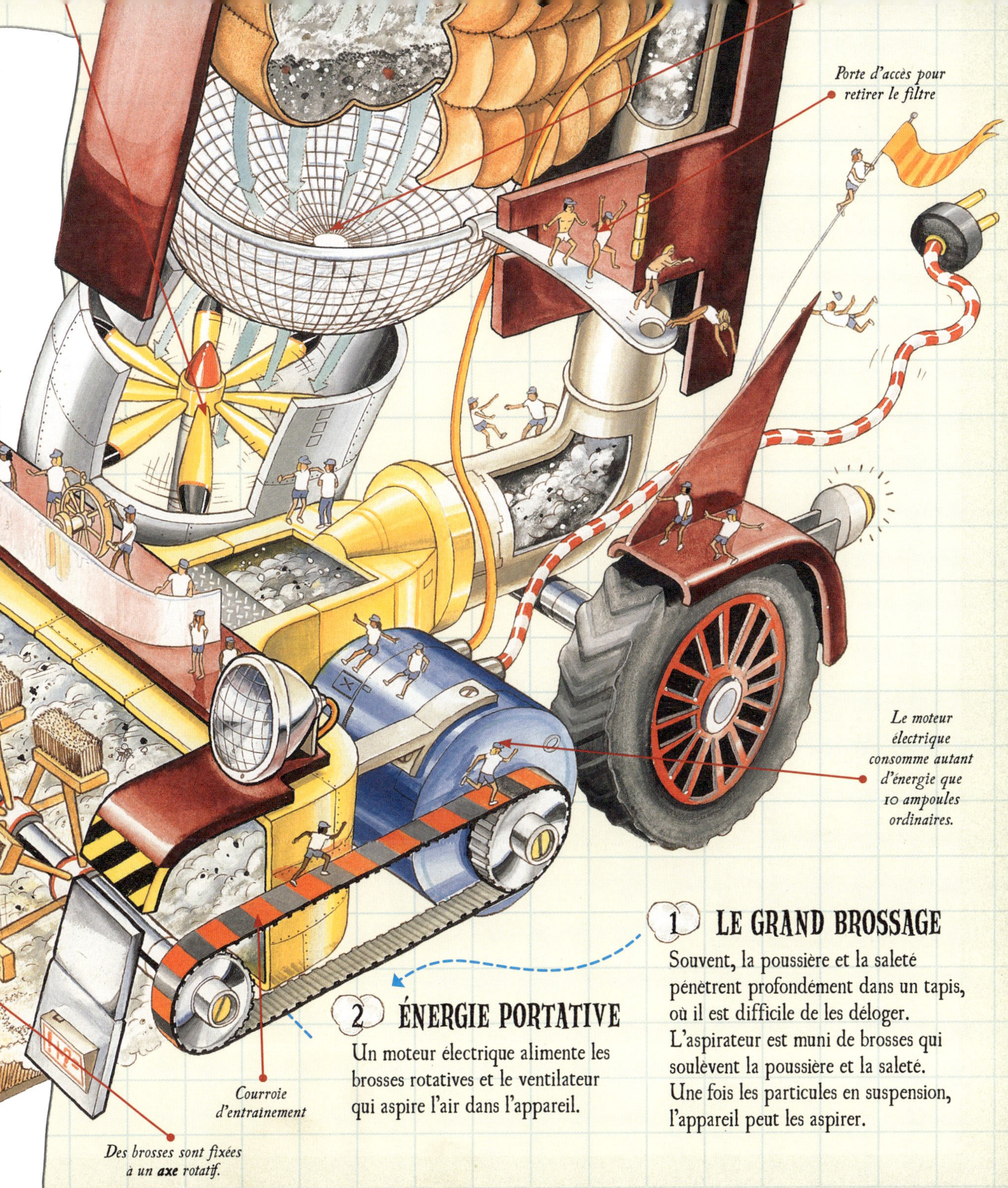

1 LE GRAND BROSSAGE

Souvent, la poussière et la saleté pénètrent profondément dans un tapis, où il est difficile de les déloger. L'aspirateur est muni de brosses qui soulèvent la poussière et la saleté. Une fois les particules en suspension, l'appareil peut les aspirer.

2 ÉNERGIE PORTATIVE

Un moteur électrique alimente les brosses rotatives et le ventilateur qui aspire l'air dans l'appareil.

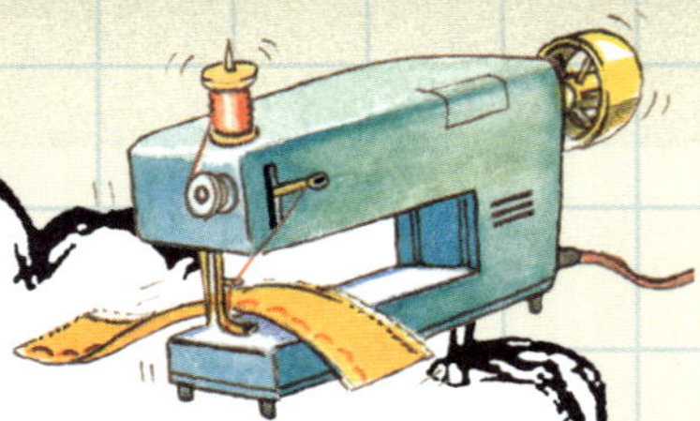

LA MACHINE À COUDRE

L'intérieur d'une machine à coudre ressemble à une usine à l'activité frénétique, où des tas de choses se produisent en même temps. Des axes tournent, des courroies bourdonnent, des tiges s'entrechoquent et l'aiguille monte et descend à la vitesse de l'éclair. Mais derrière ce chaos apparent se cache une série de mouvements soigneusement orchestrés, tous actionnés par un même moteur électrique. En moins de temps qu'il en faut pour cligner des yeux, la machine à coudre fait un point, le serre et avance le tissu afin d'être prête pour le point suivant.

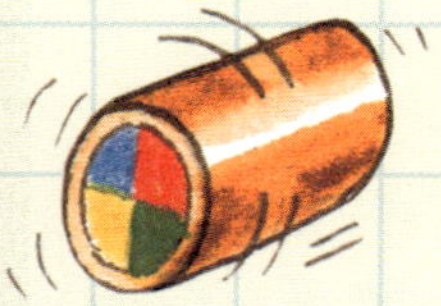

FAIRE BOUGER LES CHOSES

Aujourd'hui, les machines à coudre sont alimentées par de petits moteurs électriques (page 15). Le moteur électrique fait tourner un **axe**, qui est relié aux autres parties mobiles à l'intérieur de la machine à coudre. Des dispositifs appelés «manivelles» et «**cames**» convertissent le mouvement circulaire de l'axe en un mouvement de va-et-vient de l'aiguille.

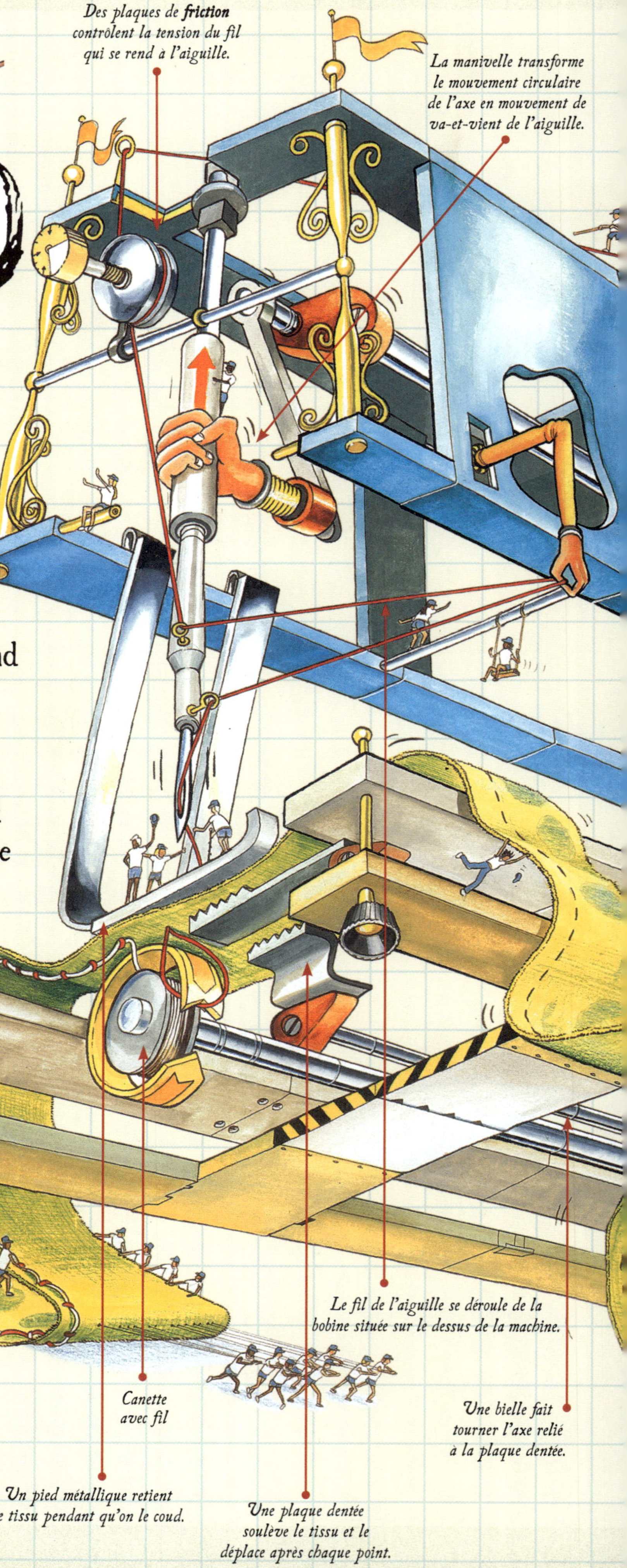

FAIRE UN POINT

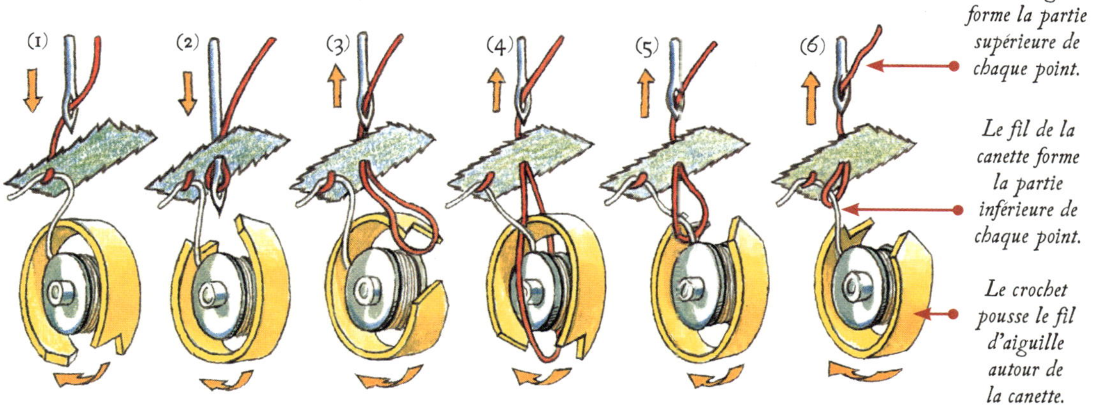

Une machine à coudre se sert de deux fils pour faire un point. Le fil d'aiguille (en rouge) est enfilé dans le chas de l'aiguille (1). Quand l'aiguille descend, le fil est poussé à travers le tissu, formant une boucle sous le tissu (2). Un crochet pivotant attrape alors la boucle (3) et la fait passer autour d'un petit dévidoir qui contient le fil de la canette (en blanc) (4). Quand l'aiguille monte (5), le fil est serré, et le fil de la canette – qui passe dans la boucle – maintient le fil d'aiguille contre le tissu (6). Le point est complet.

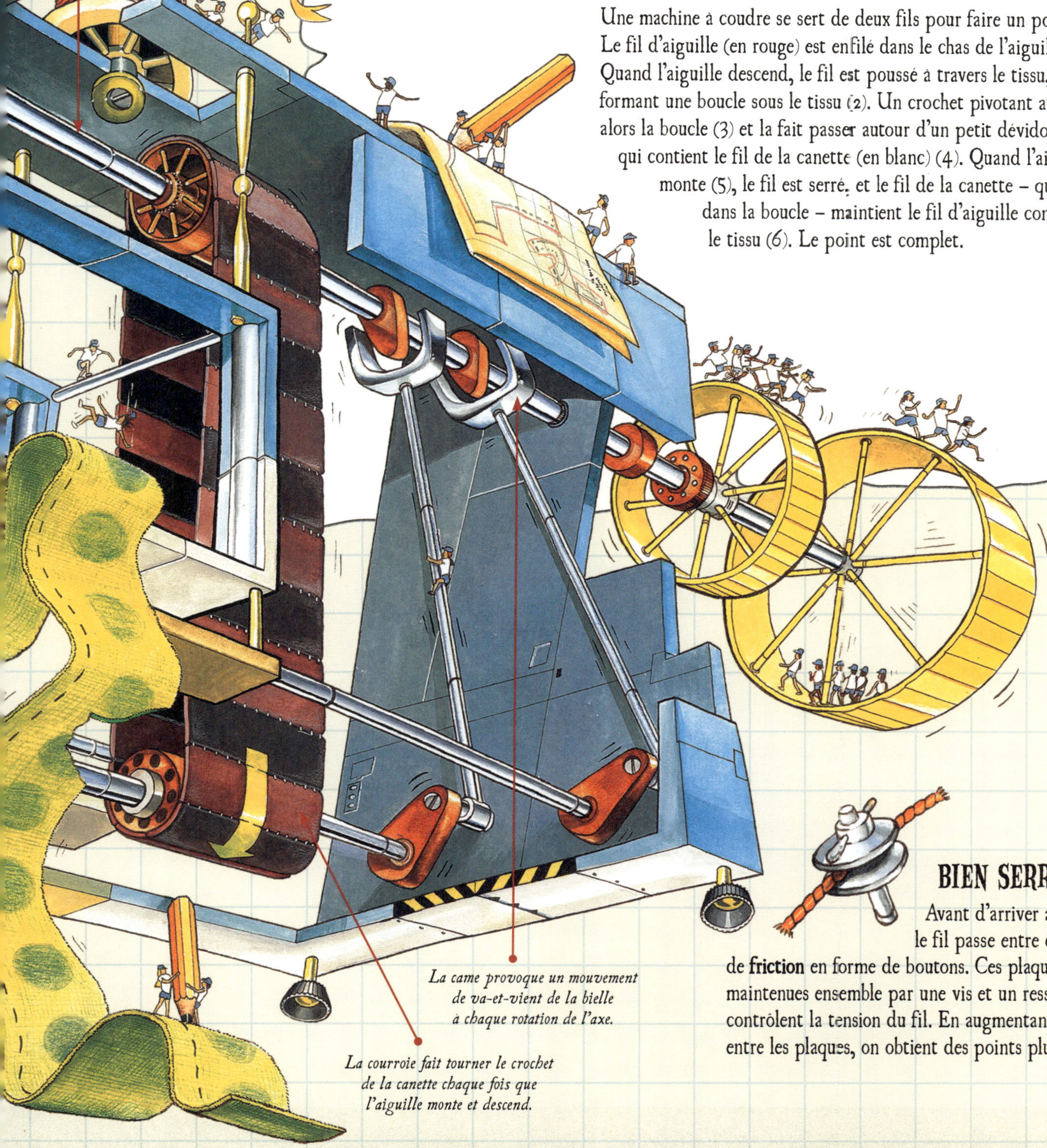

BIEN SERRÉ

Avant d'arriver à l'aiguille, le fil passe entre deux plaques de **friction** en forme de boutons. Ces plaques réglables sont maintenues ensemble par une vis et un ressort, et elles contrôlent la tension du fil. En augmentant la **pression** entre les plaques, on obtient des points plus serrés.

LA CHASSE D'EAU

Le réservoir des toilettes est quelque chose que l'on voit tous les jours, mais que l'on l'examine très rarement. À l'intérieur, deux dispositifs simples, mais efficaces, font fonctionner les toilettes : un flotteur et un siphon. Le flotteur, illustré à gauche dans ce réservoir, contrôle le niveau de l'eau pour empêcher le réservoir de déborder. Le siphon, au centre, entraîne l'eau vers la cuvette, dans un flot continu. Maintenant, es-tu prêt à plonger et à découvrir ce qui se passe quand tu tires la chasse ?

LE FONCTIONNEMENT D'UN SIPHON

Un siphon est un tube dans lequel un liquide est aspiré sur une courte distance avant de couler plus bas. Dans les toilettes, c'est le tube du siphon qui transporte l'eau du réservoir jusqu'à la cuvette en dessous. Le siphon fonctionne grâce à la **succion**. C'est ce qui se produit quand on enlève l'air d'un espace et qu'un liquide vient remplacer cet air. L'eau continue de couler dans un siphon tant que celui-ci est rempli d'eau, et l'eau coule d'un niveau supérieur à un niveau inférieur. Dès que de l'air entre dans le siphon, la succion est brisée et l'eau cesse de couler.

1 EN MOUVEMENT

La poignée des toilettes est reliée à un piston (deux disques mobiles) à l'intérieur du clapet. Quand tu actionnes la poignée, un levier tire ces deux disques vers le haut, ce qui pousse de l'eau dans le tube du siphon. Cela produit une succion, qui attire le reste de l'eau du réservoir dans le tube. De là, l'eau coule rapidement dans la cuvette. À mesure que le réservoir se vide, le flotteur tombe vers le fond du réservoir.

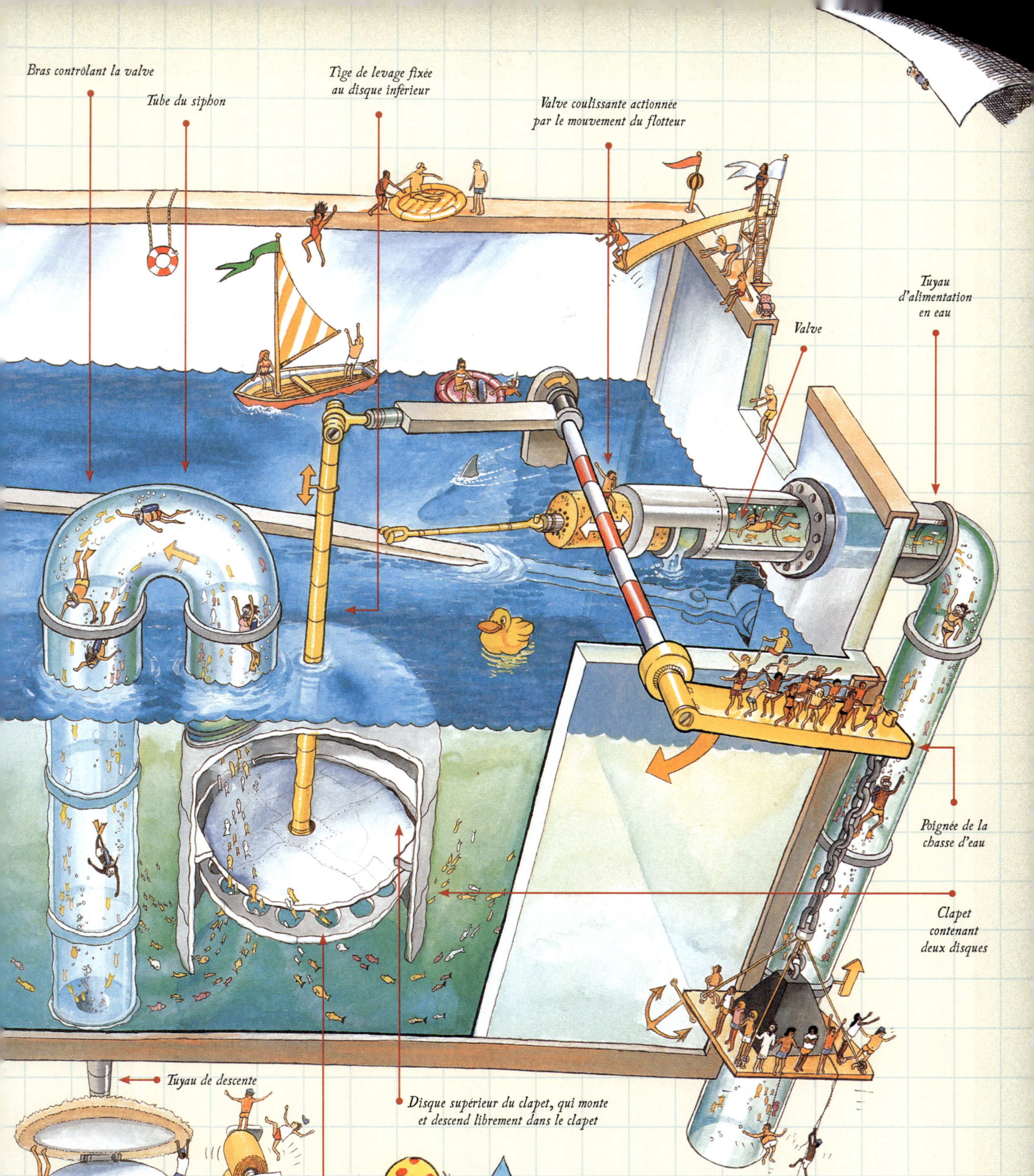

2 AUTOCONTRÔLE

L'eau entre dans le réservoir par une **valve**. Celle-ci est complètement ouverte quand le flotteur repose au fond du réservoir. À mesure que l'eau entre par la valve ouverte, le flotteur monte lentement, refermant progressivement cette valve. Le flotteur et la valve sont ajustés avec précision, pour que la valve soit complètement fermée quand le réservoir est plein.

LE SÈCHE-CHEVEUX

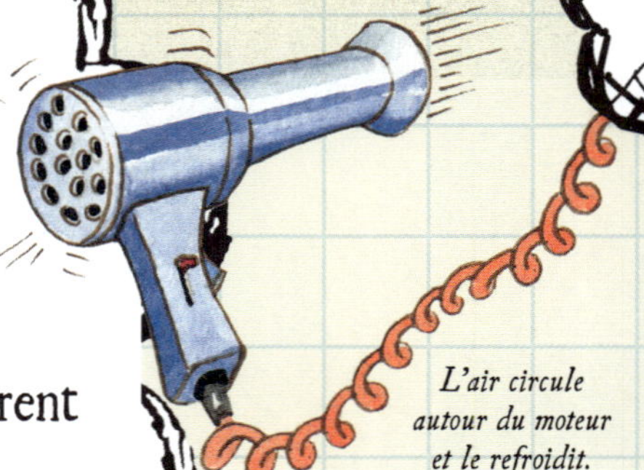

Le sèche-cheveux est un instrument très simple que des milliers de personnes utilisent pour se sécher les cheveux et se coiffer. À l'arrière du sèche-cheveux, les pales d'un ventilateur tournant à haute vitesse aspirent de l'air de l'extérieur et l'envoient dans l'appareil. L'air se réchauffe rapidement en passant au-dessus d'éléments électriques rougeoyants et ressort à l'avant pour sécher les cheveux. Ce n'est pas plus compliqué ! Mais continue ta lecture pour découvrir ce qui permet à ce processus de fonctionner.

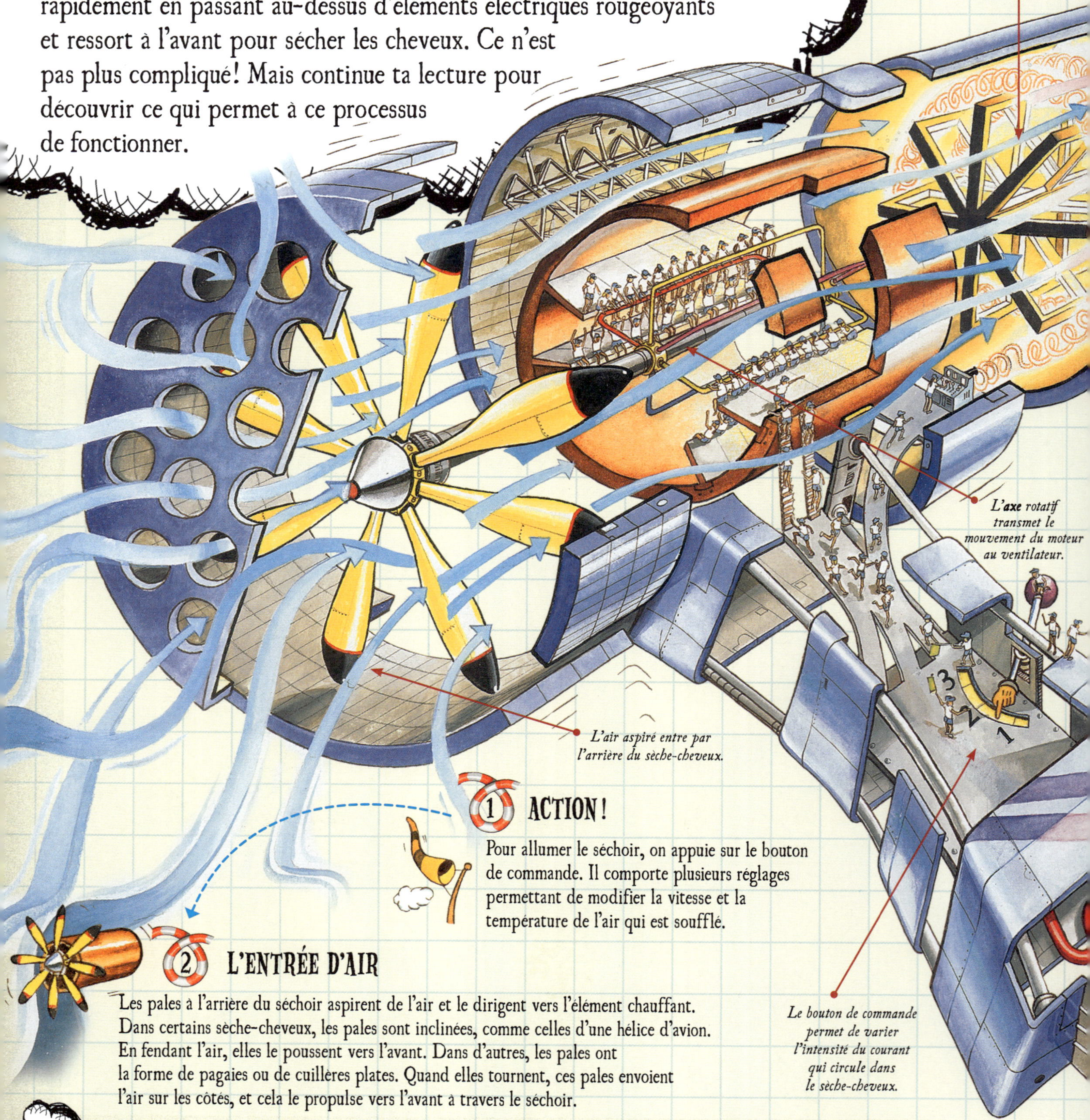

1 ACTION !

Pour allumer le séchoir, on appuie sur le bouton de commande. Il comporte plusieurs réglages permettant de modifier la vitesse et la température de l'air qui est soufflé.

2 L'ENTRÉE D'AIR

Les pales à l'arrière du séchoir aspirent de l'air et le dirigent vers l'élément chauffant. Dans certains sèche-cheveux, les pales sont inclinées, comme celles d'une hélice d'avion. En fendant l'air, elles le poussent vers l'avant. Dans d'autres, les pales ont la forme de pagaies ou de cuillères plates. Quand elles tournent, ces pales envoient l'air sur les côtés, et cela le propulse vers l'avant à travers le séchoir.

3 REFROIDIR LE MOTEUR

Le ventilateur à l'arrière du sèche-cheveux aspire de l'air dans l'appareil. L'air en mouvement permet de refroidir le moteur en captant sa chaleur.

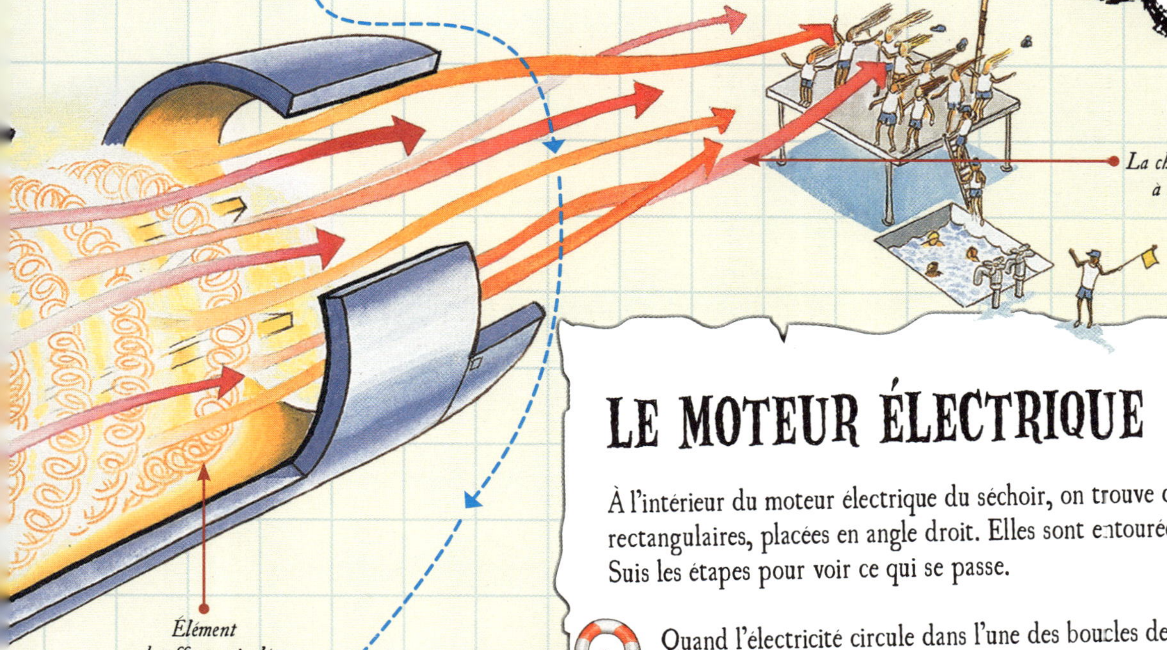

4 PLUS CHAUD !

Quand de l'**électricité** circule dans un fil, elle produit de la chaleur. Une plus grande quantité de chaleur est produite lorsque le **courant** circule dans un long fil mince que dans un fil plus gros et court. Voilà pourquoi l'élément chauffant spiralé du sèche-cheveux devient brûlant, alors que le câble qui l'alimente en électricité demeure relativement frais.

LE MOTEUR ÉLECTRIQUE

À l'intérieur du moteur électrique du séchoir, on trouve deux boucles de fil rectangulaires, placées en angle droit. Elles sont entourées d'un **champ magnétique**. Suis les étapes pour voir ce qui se passe.

1. Quand l'électricité circule dans l'une des boucles de fil, elle crée un champ magnétique autour du fil (page 58). Ce champ réagit avec l'**aimant** autour, et la boucle est **repoussée**.

2. Une fois que la boucle a parcouru une certaine distance, son alimentation en électricité est coupée. Le **courant** est alors envoyé dans la deuxième boucle. La force de **poussée** fait tourner la deuxième boucle.

3. Les boucles sont poussées continuellement dans un mouvement de rotation quand le courant circule. La force de leur mouvement crée l'énergie nécessaire pour faire fonctionner l'appareil.

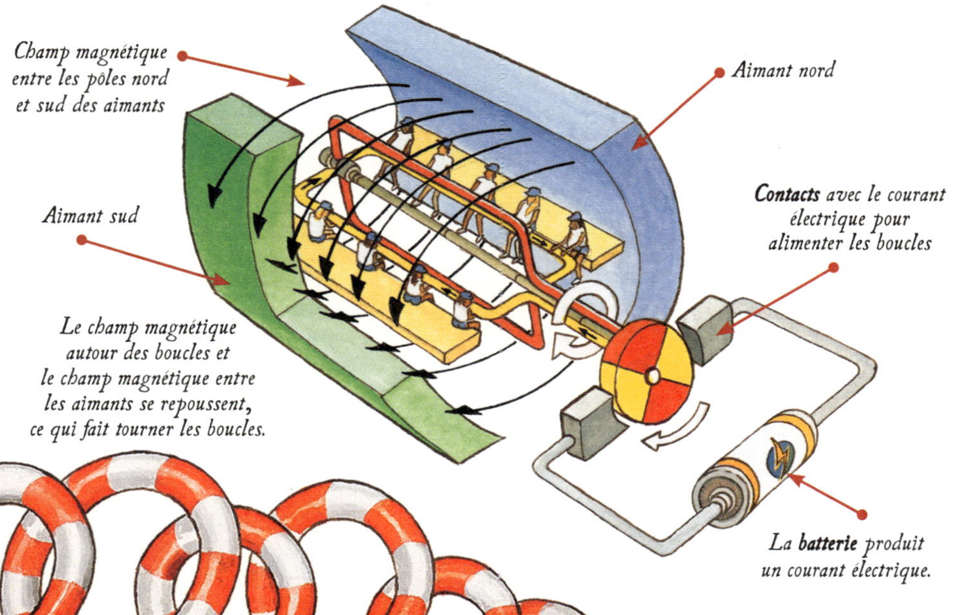

LE DÉTECTEUR DE FUMÉE

Tout comme il n'y a pas de fumée sans feu, on voit rarement un feu sans fumée. Comme elle se répand très rapidement, la fumée est souvent le premier signe qu'un incendie s'est déclaré.

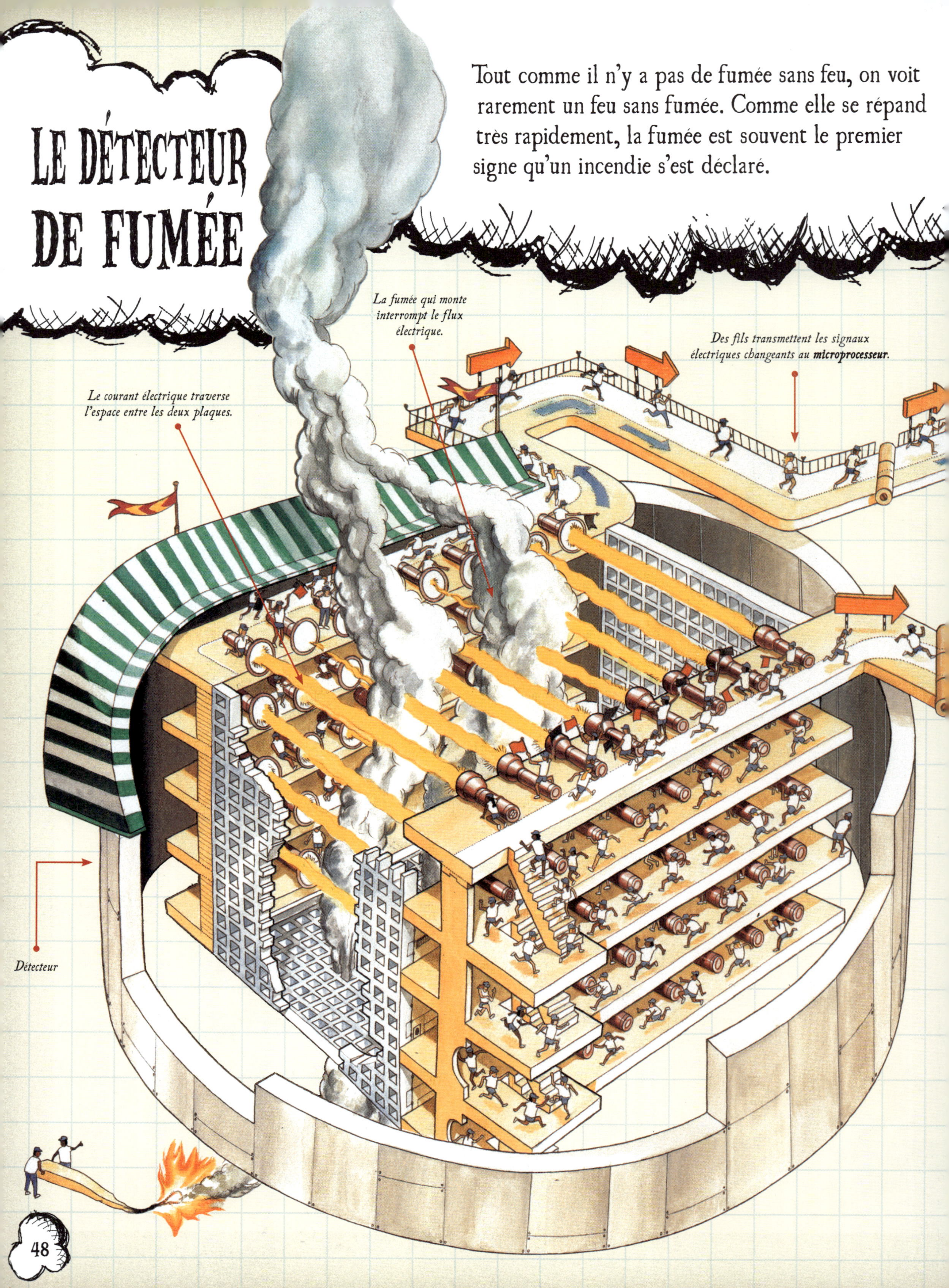

Le nez des êtres humains est sensible, et il arrive à bien sentir la fumée, mais seulement à une très courte distance. Et si un incendie se déclare de l'autre côté de la porte, ou bien lorsque tu dors, ou encore quand tu es enrhumé et ne peux pas sentir la fumée? Dans ces situations, un détecteur de fumée s'avère très utile. Dès qu'il sent la fumée, il déclenche une alarme qui retentit dans toute la maison.

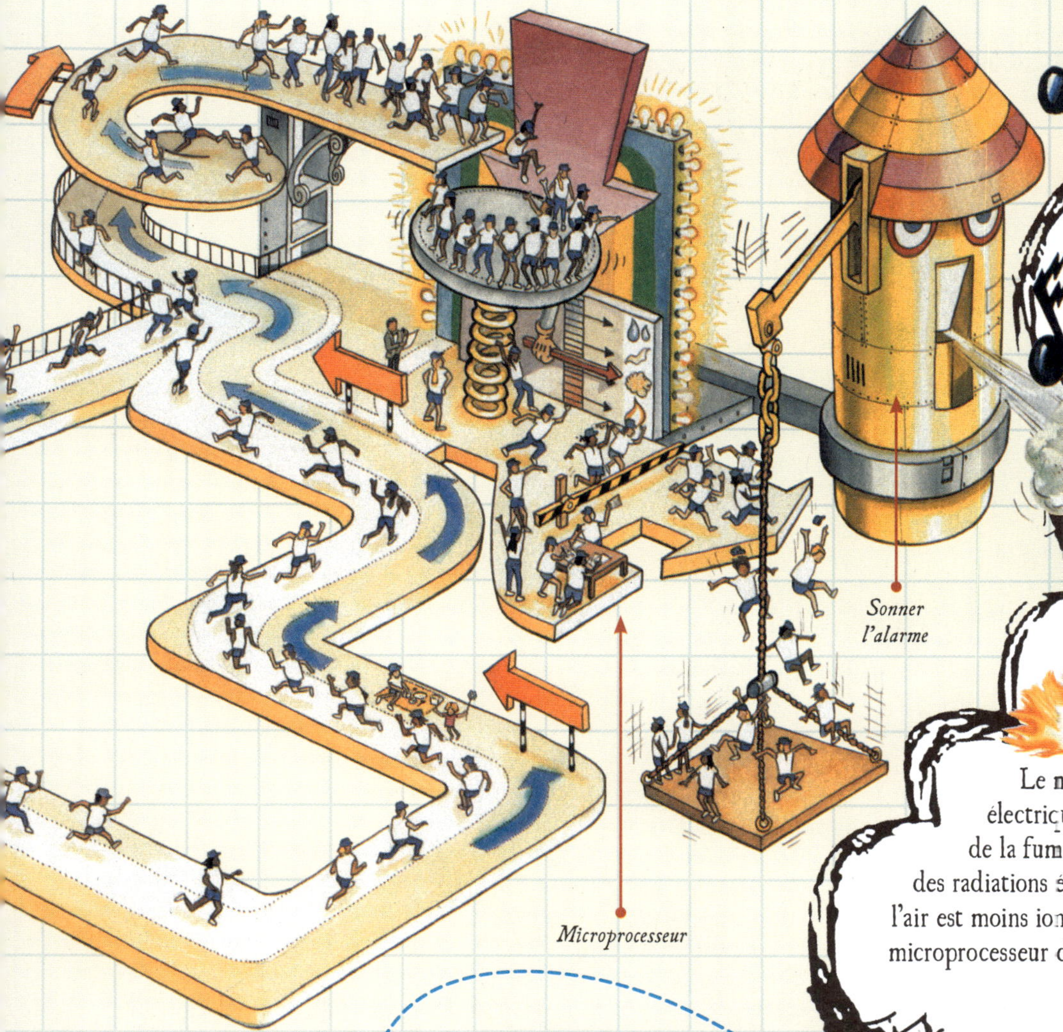

4 SONNER L'ALARME

L'alarme d'un vrai détecteur de fumée contient une mince plaque de métal. Quand le microprocesseur reçoit le message qu'il y a de la fumée, il active un courant électrique qui fait vibrer la plaque très rapidement, produisant un bruit perçant.

3 SENTIR UN CHANGEMENT

Le microprocesseur surveille l'intensité du courant électrique qui circule entre les plaques. Lorsque de la fumée entre dans le détecteur, elle absorbe certaines des radiations émises par la boulette de métal. En conséquence, l'air est moins ionisé et le courant faiblit. Quand cela se produit, le microprocesseur détecte le changement et déclenche l'alarme.

1 LE DÉTECTEUR

Le détecteur de fumée est formé de deux plaques de métal, espacées d'environ 2,5 cm, et reliées à une **batterie**. L'air entre les plaques est **ionisé**, c'est-à-dire chargé d'électricité, par un flux de faibles **radiations**. Cela permet à un faible courant électrique de circuler entre les plaques. Tant que le courant demeure stable, le détecteur reste silencieux. Mais dès que de la fumée se répand entre les plaques et interrompt le courant, l'alarme est déclenchée.

Dans l'illustration, les deux plaques de métal sont représentées par deux tours de cinq étages. Le **courant** est représenté par de faibles rayons traversant l'espace entre les deux tours.

2 CHARGER L'AIR

Le détecteur contient une petite boulette de métal légèrement **radioactive**, qui émet dans l'air environnant un flux continu de petites particules. Quand elles entrent en collision avec les **molécules** d'air, celles-ci deviennent chargées, ou ionisées. Parce que les ions sont conducteurs, un petit courant généré par une batterie circule entre les plaques.

4. LES APPLIS

À l'achat, les téléphones intelligents sont déjà remplis d'**applis**. Celles-ci te permettent de passer des appels, de textoter, d'envoyer et recevoir des courriels, de tenir un calendrier, d'enregistrer une liste de contacts, de savoir l'heure et de faire des calculs. Tu peux aussi télécharger des applis pour jouer à des jeux, faire de la musique, créer des vidéos, tenir un journal, colorier des dessins et bien plus encore. De nombreuses applis sont gratuites ou ne coûtent que quelques euros.

Pour ouvrir une appli, il suffit de toucher son ***icône****. Celle-ci permet d'envoyer des courriels.*

5. LES PHOTOS ET LES VIDÉOS

Un téléphone intelligent comporte au moins une caméra, et ses photos seront d'assez bonne qualité pour servir de fonds d'écran sur un ordinateur. Les téléphones intelligents peuvent aussi filmer des vidéos. Les appareils les plus chers filment des vidéos en HD (haute définition), une qualité équivalente à ce que tu vois à la télé. Certains possèdent une deuxième caméra, du côté de l'écran. On peut alors faire des appels vidéo, qui permettent de voir la personne avec qui on parle.

Pour agrandir une partie d'une photo sur ton écran, il suffit de la toucher avec deux doigts, puis d'écarter les doigts pour faire un zoom avant.

Quand tu as pris une photo, tu peux facilement la montrer à des amis en l'envoyant dans un texto ou un courriel. Tu peux aussi utiliser un service gratuit de partage de photos sur Internet.

CRÉER DES LIENS

1. LA CONNEXION À INTERNET

Quand tu es chez toi, ton mobile et ta tablette se connectent habituellement à Internet à l'aide du même réseau sans fil que ton ordinateur, ta console de jeu ou ta télé. Quand aucune connexion sans fil n'est disponible, ils utilisent un réseau de téléphonie mobile, aussi appelé «**réseau cellulaire**», pour te permettre de naviguer sur Internet. Ce n'est pas aussi rapide qu'une connexion sans fil, mais cela fonctionne bien si tu te trouves à proximité d'une tour de téléphonie mobile.

2. LES TEXTOS ET APPELS TÉLÉPHONIQUES

Chaque fois que tu passes un appel ou que tu envoies un texto, ton message est transformé en signal électrique. Ce signal est transmis à une tour de téléphonie mobile à proximité. Cette tour le transmet ensuite à la tour la plus proche de la personne que tu tentes de joindre, et, de là, le signal est envoyé au téléphone de cette personne, qui le reçoit. Par la suite, il est retransformé dans le format sous lequel tu l'as envoyé, que ce soit le son de ta voix ou le message que tu as écrit.

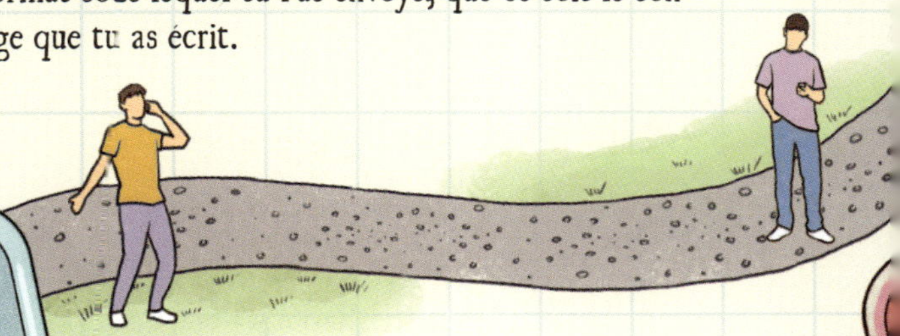

3. LES COURRIELS

Ton téléphone intelligent peut envoyer et recevoir des courriels (ou e-mails), exactement comme un ordinateur. Tu peux le régler pour qu'il émette un son ou vibre chaque fois que tu reçois un nouveau courriel. Un petit chiffre s'affiche sur l'écran d'accueil pour indiquer combien de courriels n'ont pas encore été lus.

UTILISER UN TÉLÉPHONE MOBILE

En 2013, plus d'un milliard de personnes ont acheté un téléphone dit intelligent (ou « smartphone »). Cet étonnant téléphone cellulaire – qui permet de se connecter à Internet, d'utiliser de petits logiciels appelés « **applis** », de jouer à des jeux, d'enregistrer des photos et des vidéos –, est aujourd'hui l'un des objets les plus importants sur la planète. Mais comment fonctionne-t-il et que nous permet-il de faire?

1. LE SYSTÈME D'EXPLOITATION

Tous les téléphones intelligents utilisent un **système d'exploitation**, qui contrôle les différentes parties du téléphone – par exemple, l'**écran tactile**, la mémoire où tout est stocké ou le processeur (le « cerveau » du téléphone) – et s'assure qu'elles fonctionnent en harmonie avec les applis que tu utilises. Le système d'exploitation contrôle aussi les fonctions électroniques du téléphone, pour qu'il commence à recharger la batterie quand tu le branches ou éteigne les **haut-parleurs** quand tu branches tes écouteurs.

2. LA BATTERIE

Les **batteries** des premiers cellulaires étaient bien plus grosses que le téléphone lui-même. Souvent, le téléphone était fixé sur le dessus de la batterie, qui était munie d'une grosse poignée, comme une boîte à goûter! Aujourd'hui, les batteries sont minuscules, se rechargent en quelques heures et durent toute une journée.

3. LE CONNECTEUR USB

Un téléphone intelligent moderne comporte un seul connecteur, lié à un câble USB (*universal serial bus*). Pour recharger ton téléphone, il te suffit d'insérer ce connecteur dans un chargeur, que tu branches à une prise de courant. Tu peux aussi brancher le connecteur directement à ton ordinateur afin de télécharger et de sauvegarder les photos prises avec ton téléphone.

6. LA MÉMOIRE

Les téléphones intelligents permettent d'exécuter des programmes appelés «applis», de prendre des photos, de filmer des vidéos, et de stocker de la musique. Pour emmagasiner toute cette information, ils ont besoin de beaucoup de mémoire. Certains appareils possèdent une certaine quantité de mémoire, et, quand celle-ci est pleine, il faut supprimer du contenu pour libérer de l'espace. D'autres disposent d'une petite fente dans laquelle on peut insérer une petite carte qui contient de la mémoire supplémentaire.

5. LE CONTRÔLE VOCAL

Aujourd'hui, les téléphones intelligents sont assez performants pour comprendre des commandes vocales. Par exemple, tu peux programmer un rappel dans le calendrier de ton téléphone en disant quelque chose comme: «Appeler Sam à 15 heures.» Tu peux aussi utiliser des applis qui reconnaissent les commandes vocales. Ainsi, si tu dis: «À quelle heure ouvre la piscine?», ton téléphone cherchera l'information sur Internet.

4. LA CARTE SIM

La majorité des téléphones ont besoin d'une carte d'identité de l'abonné, ou carte SIM (*subscriber identity module*). Toutes les informations spécifiques à ton appareil, comme ton numéro de téléphone, sont stockées sur cette petite carte de circuit imprimé. Si tu la retires, tu ne pourras plus passer d'appels, envoyer de textos ou te connecter à Internet.

LA TECHNOLOGIE À ÉCRAN TACTILE

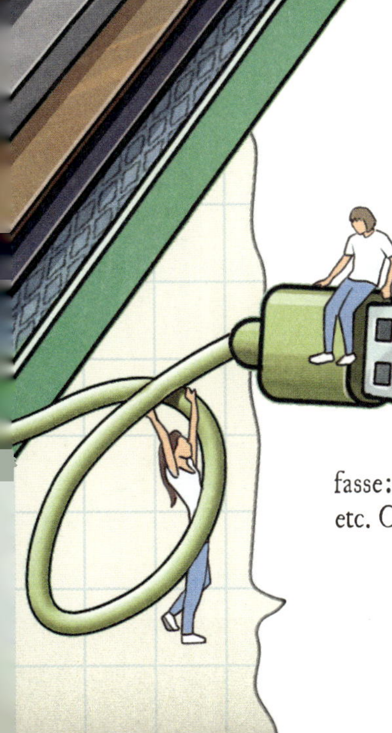

Alors que, sur les anciens téléphones mobiles, on appuyait sur des petits boutons pour téléphoner et écrire des textos, les téléphones intelligents sont équipés d'un écran tactile. Comment savent-ils quelle partie de l'écran tu touches? La plupart envoient un infime **courant** électrique depuis chaque coin de l'écran. Quand tu touches l'écran du doigt, cela interrompt le courant juste assez pour que le téléphone détermine la position de ton doigt. Puis le logiciel fait ce que tu veux qu'il fasse: ouvrir une appli, taper une lettre, prendre une photo, etc. C'est ce qu'on appelle un «écran tactile capacitif».

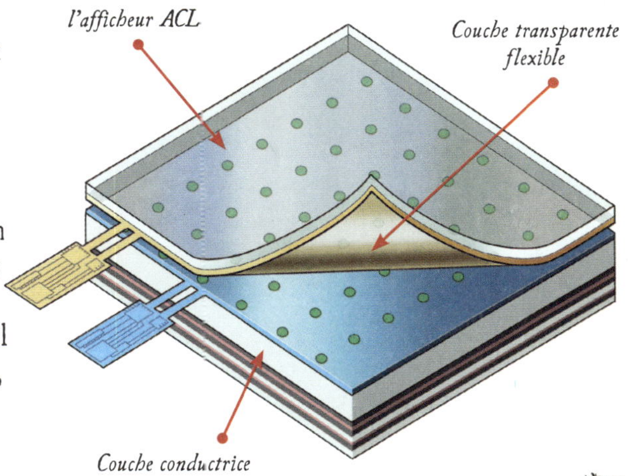

7. TÉLÉCHARGER DES VIDÉOS

Tu peux facilement partager tes vidéos en les téléchargeant sur Internet. En général, le téléphone comprime automatiquement les vidéos pour en réduire la taille, ce qui accélère le téléchargement et en facilite le visionnage pour les autres.

Les services de partage de vidéos sont habituellement gratuits, mais il faut parfois créer un compte avant de les utiliser. Comme de nombreux services, il faut avoir atteint l'âge minimum requis pour s'y inscrire.

8. LES SERVICES DE LOCALISATION

Certaines applis de ton téléphone utilisent des services de localisation pour déterminer exactement où tu te trouves. Cela leur permet de te donner des indications, que tu sois à pied ou en voiture. C'est aussi comme cela que les applis t'aident à trouver un cinéma ou un restaurant dans ton voisinage, et non pas à l'autre bout du pays.

Tu peux activer ou désactiver les services de localisation quand tu le souhaites.

LES JEUX

Des milliers de jeux sont disponibles pour les tablettes. De nombreux jeux sont offerts gratuitement, et même ceux qu'il faut acheter ne coûtent pas très cher. Bien des jeux sont spécialement conçus pour les tablettes et utilisent donc leurs caractéristiques spéciales : par exemple, on peut conduire une voiture en bougeant la tablette dans les airs, ou faire bouger un personnage en glissant un doigt sur l'écran. De nombreux jeux qui étaient très populaires sur l'ordinateur ou les consoles de jeu ont été adaptés pour les tablettes.

REGARDER DES FILMS

Les tablettes ont un écran brillant, de haute définition, parfait pour regarder des films, que ce soit au lit, sur le sofa ou pendant les longs trajets en voiture. Plusieurs services Internet te permettent, moyennant des frais mensuels, de regarder autant de films et d'émissions de télévision que tu le souhaites. Il existe aussi beaucoup de sites tout à fait gratuits où l'on peut visionner des millions de vidéos.

Tu peux jouer où que tu sois.

6. LA MUSIQUE

Le téléphone intelligent est un bon appareil pour écouter de la musique, que ce soit avec des écouteurs ou en le branchant à un **haut-parleur** externe. Tu peux acheter de la musique à télécharger sur ton téléphone ou écouter de la musique en mode continu (*streaming*) sur Internet. C'est un peu comme écouter la radio, sauf que c'est *toi*, et non les programmateurs des émissions de radio, qui choisis ce que tu écoutes. Tu peux aussi te servir de ton téléphone intelligent pour faire de la musique, en achetant différentes applis de guitare, batterie ou clavier au son très réaliste. Sers-toi de ces applications pour créer tes propres sonneries ou pour enregistrer des mélodies et des chansons.

Ton téléphone peut faire tourner des applications qui sonnent exactement comme de vrais instruments de musique. Le son est encore meilleur avec des écouteurs.

LA TABLETTE

Une tablette est essentiellement un gros téléphone intelligent qui ne peut passer d'appels téléphoniques, ni envoyer de textos. Elle peut se connecter à un réseau sans fil (chez toi ou dans un café, par exemple), et certains modèles peuvent utiliser le réseau cellulaire quand on n'est pas chez soi. Son grand écran la rend plus pratique pour, entre autres, lire des livres, des magazines numériques et des bandes dessinées, ou regarder des émissions de télévision ou des vidéos sur Internet. La tablette est aussi plus pratique pour taper des travaux scolaires ou s'exercer au piano. La taille de l'écran fait alors toute la différence.

Comme sur un téléphone intelligent, tu fais défiler l'écran de haut en bas ou de gauche à droite avec le doigt, et tu appuies pour choisir une appli. La tablette sait aussi si tu la tiens droite ou sur le côté – la plupart des applis s'ajustent automatiquement et s'affichent à l'endroit.

LES PANNEAUX SOLAIRES

Lorsqu'il est question de production d'énergie, le soleil est vraiment unique en son genre. En une heure seulement, la lumière du soleil produit plus d'énergie que tous les habitants de la Terre n'en consomment en un an. Les panneaux solaires permettent de transformer cette énergie en quelque chose d'utile, comme une bonne douche chaude ou une heure devant ton émission de télévision préférée. Voici comment ils fonctionnent.

1 L'ÉNERGIE DU SOLEIL

L'énergie solaire peut être utilisée pour chauffer de l'eau ou pour générer de l'**électricité**. Quand on s'en sert pour chauffer de l'eau – pour le bain, la douche ou pour chauffer la maison –, on l'appelle « énergie solaire thermique ». Quand on l'utilise pour produire de l'électricité afin d'alimenter nos appareils électriques et électroménagers, on l'appelle « énergie solaire photovoltaïque ».

2 LES PANNEAUX SOLAIRES

Les panneaux solaires, qu'ils soient thermiques ou photovoltaïques, sont fixés sur le côté du toit de la maison le plus exposé au soleil. La plupart des panneaux solaires se ressemblent, mais si tu en vois qui sont faits de tubes, ce sont alors des panneaux solaires thermiques, qui servent à chauffer de l'eau.

3 LE POMPAGE

Pour produire de l'énergie solaire thermique, la maison doit être équipée d'une pompe. Celle-ci pousse un fluide spécial dans un tuyau situé dans la maison. Le tuyau forme un long circuit qui commence à l'intérieur de ton réservoir d'eau, se rend jusqu'au toit, fait le tour des panneaux solaires, puis redescend au réservoir d'eau.

LES CENTRALES SOLAIRES

On trouve des panneaux solaires ailleurs que sur les maisons. Il existe aussi d'énormes centrales solaires. Des milliers de miroirs y captent les rayons du soleil et les réfléchissent vers une tour centrale, appelée «**récepteur**». Des tuyaux remplis d'un liquide spécial serpentent à l'intérieur du récepteur. Les rayons du soleil chauffent le liquide et le transforment en vapeur. Cela actionne une **turbine** pour produire de l'électricité. L'électricité est transportée par des câbles aériens ou souterrains et finit par arriver jusque chez toi.

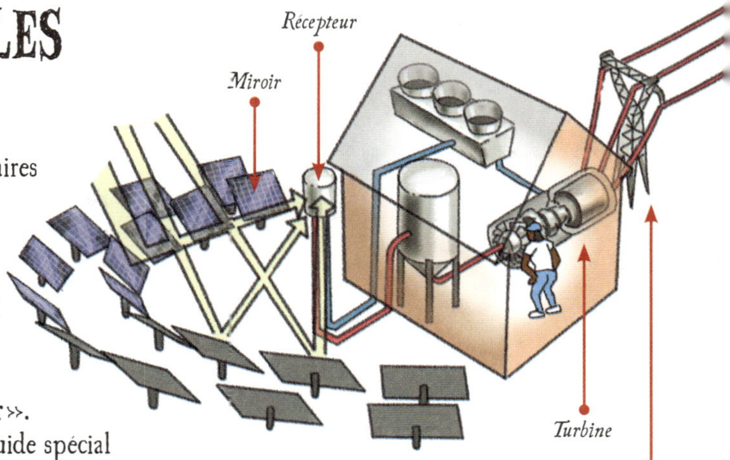

6 ...ET UN PEU POUR TOI

Tu as un surplus d'énergie solaire? Tu peux la vendre à la compagnie d'électricité pour réduire ta facture d'électricité.

5 UN PEU POUR MOI...

L'énergie solaire photovoltaïque traverse un **compteur**. Cela te permet de savoir la quantité d'énergie solaire produite. Elle traverse ensuite une boîte de **fusibles**, qui contrôle la distribution de l'électricité dans la maison.

4 C'EST CHAUD

En passant à travers les panneaux solaires, le fluide, qui est froid au départ, se réchauffe. Une pompe le fait sortir des panneaux solaires et redescendre dans le réservoir d'eau, où il réchauffe l'eau pour que tu puisses prendre une bonne douche ou faire la vaisselle! Une fois qu'il a transmis sa chaleur à l'eau, le fluide recommence un nouveau cycle.

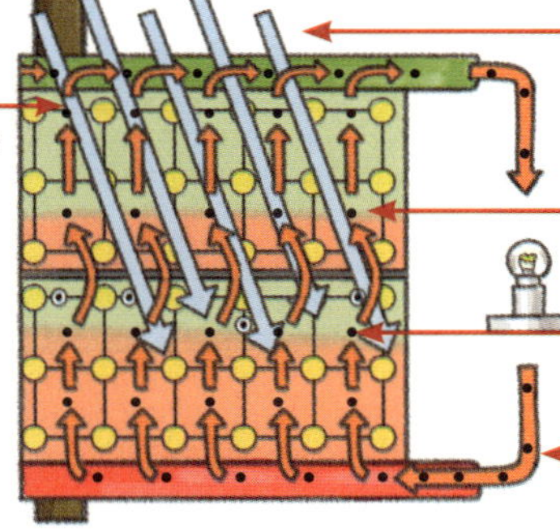

LES PANNEAUX PHOTOVOLTAÏQUES

Voici les détails techniques. Les panneaux solaires photovoltaïques sont constitués de cellules de silicone individuelles, qui ont une couche positive sur le dessus et une couche négative en dessous. Ces conditions permettent d'établir un champ électrique, un peu comme dans une **batterie**. Quand la lumière du soleil, qui est composée de minuscules particules de lumière appelées «photons», frappe les cellules, elle agite les **électrons**, qui se mettent en mouvement. Cela crée de l'électricité. Mais il y a un problème: ce n'est pas le bon type de **courant** pour faire fonctionner les télévisions et les grille-pain! On doit donc faire passer cette électricité à travers un appareil spécial appelé «onduleur». Celui-ci transforme l'électricité en courant du bon type, appelé «courant alternatif».

LA SONNETTE

Si tu t'es déjà demandé comment fonctionne une sonnette, voici l'occasion de le découvrir. Comme de nombreux appareils, la sonnette utilise de l'électricité. Quand un doigt appuie sur le bouton, l'électricité produit un **champ magnétique** qui tire un marteau et le relâche sur une cloche, faisant retentir la sonnette. Si elle ne sonnait qu'une fois, la sonnette attirerait peu l'attention. Heureusement, celle-ci est conçue pour continuer de sonner tant qu'on appuie sur le bouton. Résultat : personne ne peut ignorer le bruit qu'elle fait.

1. APPUYER SUR LE BOUTON

Quand quelqu'un actionne la sonnette, le bouton ferme un **circuit** et l'électricité se met à circuler.

UNE SOURCE D'ÉNERGIE

La sonnette est alimentée soit par ses propres piles, soit par de l'électricité provenant d'une centrale électrique.

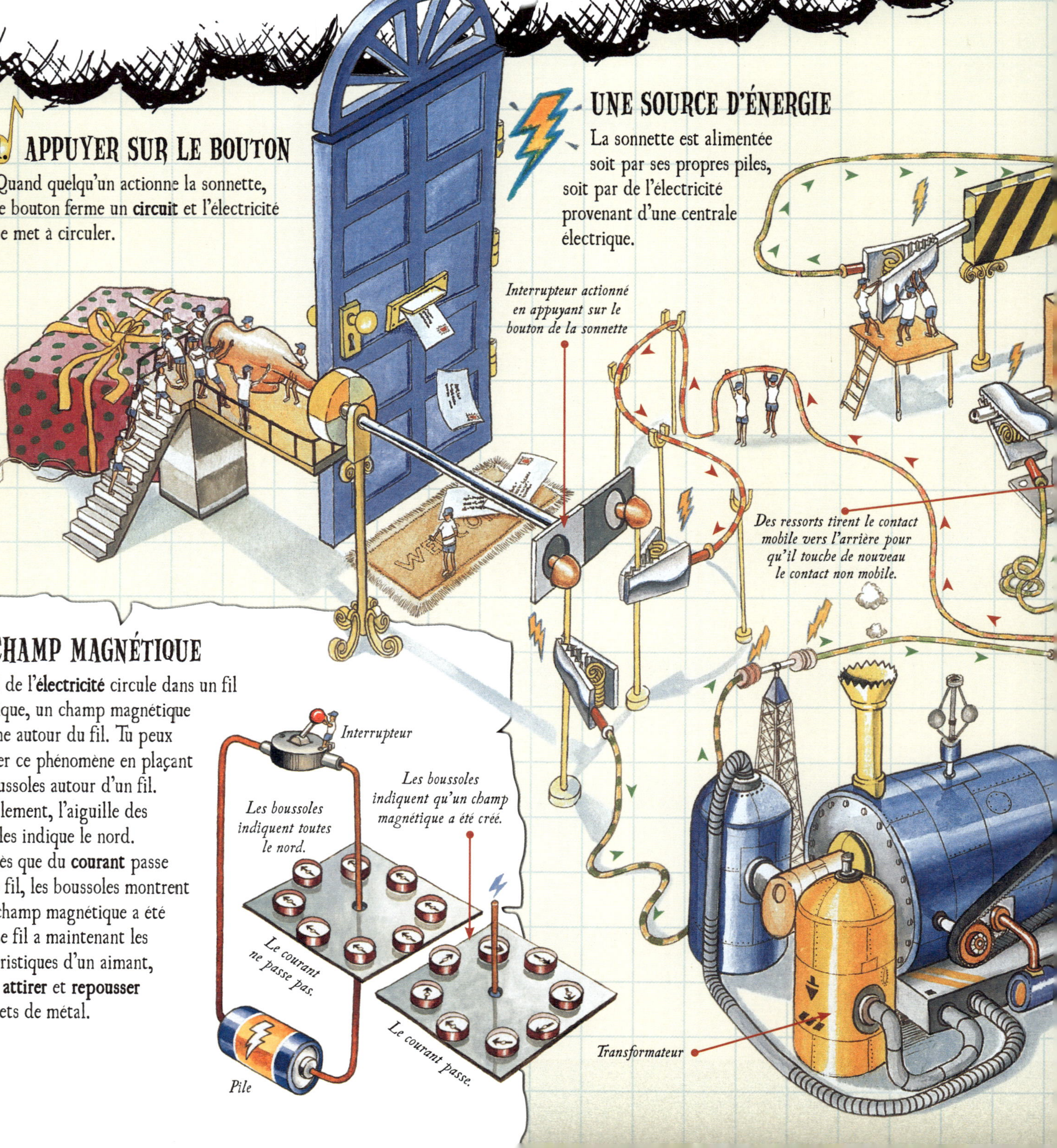

UN CHAMP MAGNÉTIQUE

Quand de l'**électricité** circule dans un fil métallique, un champ magnétique se forme autour du fil. Tu peux observer ce phénomène en plaçant des boussoles autour d'un fil. Normalement, l'aiguille des boussoles indique le nord. Mais dès que du **courant** passe dans le fil, les boussoles montrent qu'un champ magnétique a été créé. Le fil a maintenant les caractéristiques d'un aimant, il peut **attirer** et **repousser** des objets de métal.

3. UN MÉCANISME À MARTEAU

La sonnette comporte deux **contacts** de métal. L'un reste immobile, mais l'autre est placé sur un bras à ressorts et peut glisser d'avant en arrière. Le marteau qui frappe la cloche est attaché à ce bras. Le courant électrique circule maintenant à travers les deux contacts de métal et autour de l'**électroaimant**. Cela crée un champ magnétique qui tire le contact mobile vers l'électroaimant. Quand le bras glisse vers l'avant, le marteau frappe la cloche.

4. OUVERT OU FERMÉ

Dès que le bras bouge et que les deux contacts sont séparés, le circuit est brisé, le courant cesse de circuler et le **champ magnétique** disparaît. Les ressorts tirent maintenant le bras mobile vers l'arrière, ce qui fait que les deux contacts se touchent de nouveau. Le courant se remet à passer et le processus recommence.

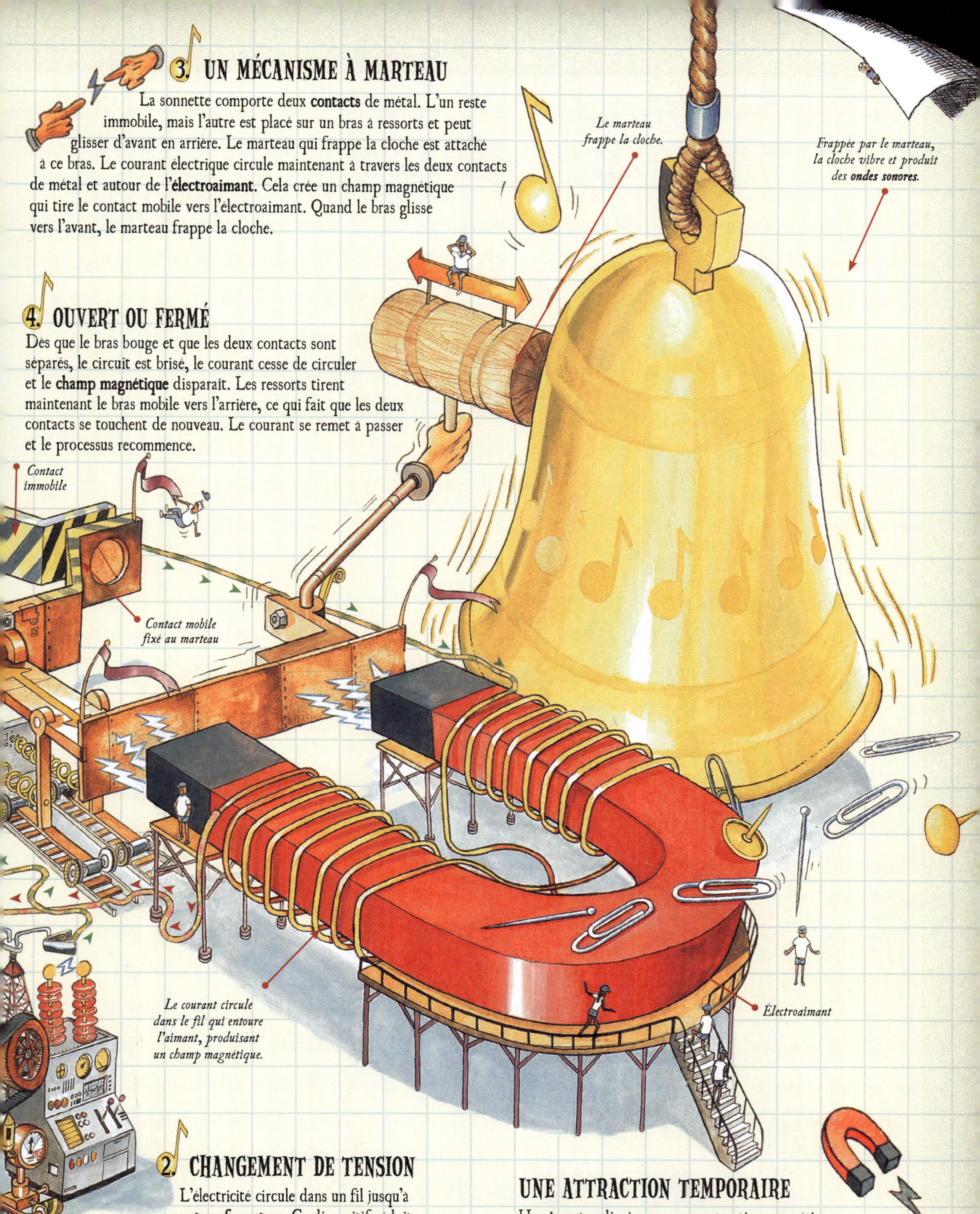

2. CHANGEMENT DE TENSION

L'électricité circule dans un fil jusqu'à un **transformateur**. Ce dispositif réduit la tension de l'électricité, c'est-à-dire la force électrique qui pousse les **électrons** dans le circuit. Contrairement à un téléviseur, une sonnette ne nécessite qu'un **circuit** basse tension.

UNE ATTRACTION TEMPORAIRE

Un **aimant** ordinaire exerce une traction magnétique constante; il ne servirait donc pas à grand-chose dans une sonnette. Un électroaimant est différent, parce qu'il exerce une traction magnétique seulement quand le courant circule.

L'IMPRIMANTE 3D

Plutôt que d'aller au magasin chaque fois que tu as besoin de quelque chose – disons, une nouvelle tasse –, imagine que tu puisses simplement afficher les plans de base sur ton ordinateur, y apporter quelques changements, puis fabriquer la tasse toi-même. Eh bien, c'est exactement ce qu'une imprimante 3D te permet de faire !

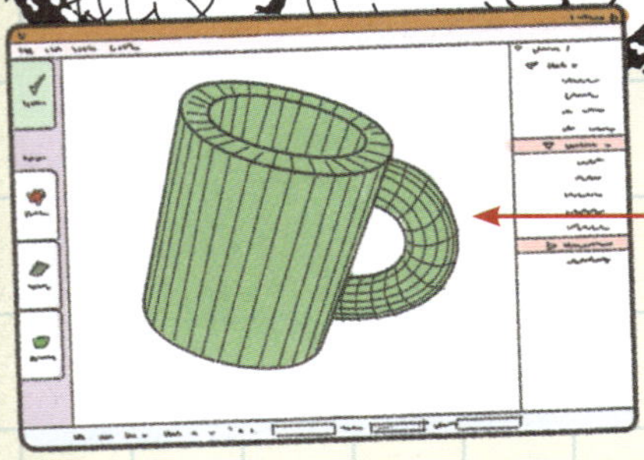

Il te faut d'abord un plan.

1 UN MODÈLE INFORMATIQUE

Il faut d'abord dire à l'imprimante ce que tu veux fabriquer, et, pour cela, tu as besoin d'un plan, c'est-à-dire un modèle 3D créé par un logiciel spécial, généralement appelé « logiciel de CAO (conception assistée par ordinateur) ». Celui-ci mesure chaque partie de l'objet à fabriquer, puis crée un plan de modèle parfait. Des milliers de modèles déjà existants peuvent aussi être téléchargés gratuitement à partir d'Internet.

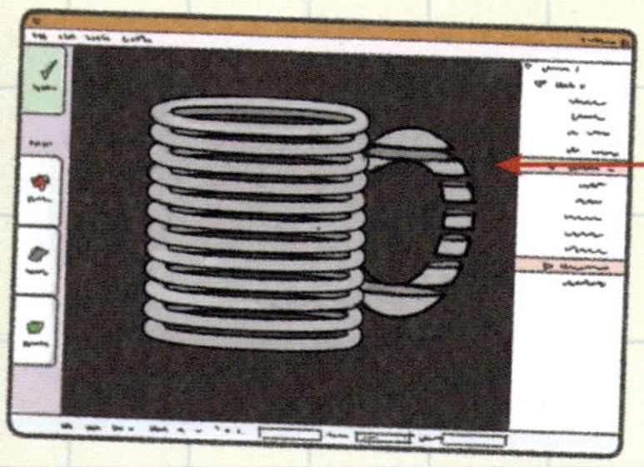

L'ordinateur découpe le plan en tranches pour produire un modèle.

2 PROGRAMMER EN SECTIONS

Une fois le modèle 3D créé, le logiciel le « tranche » en sections très fines. Cette étape est nécessaire à cause du mode de fonctionnement inhabituel de l'imprimante.

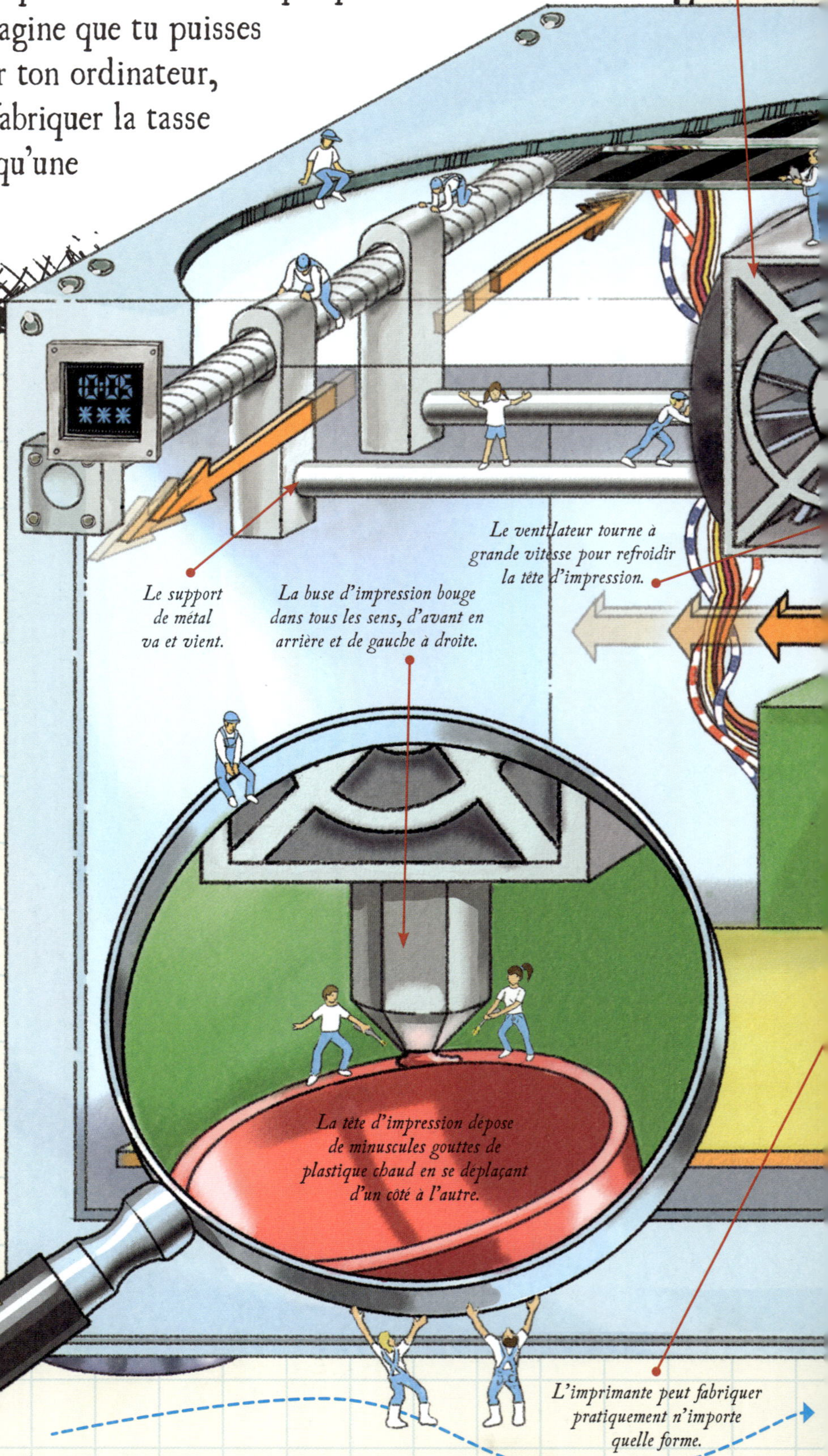

3 LES TÊTES D'IMPRESSION À L'ŒUVRE

Dans une imprimante ordinaire, les **buses** qui vaporisent l'encre sur la page se déplacent sur une ligne, d'avant en arrière le long de la feuille. Dans une imprimante 3D, les buses se déplacent d'avant en arrière, et de gauche à droite.

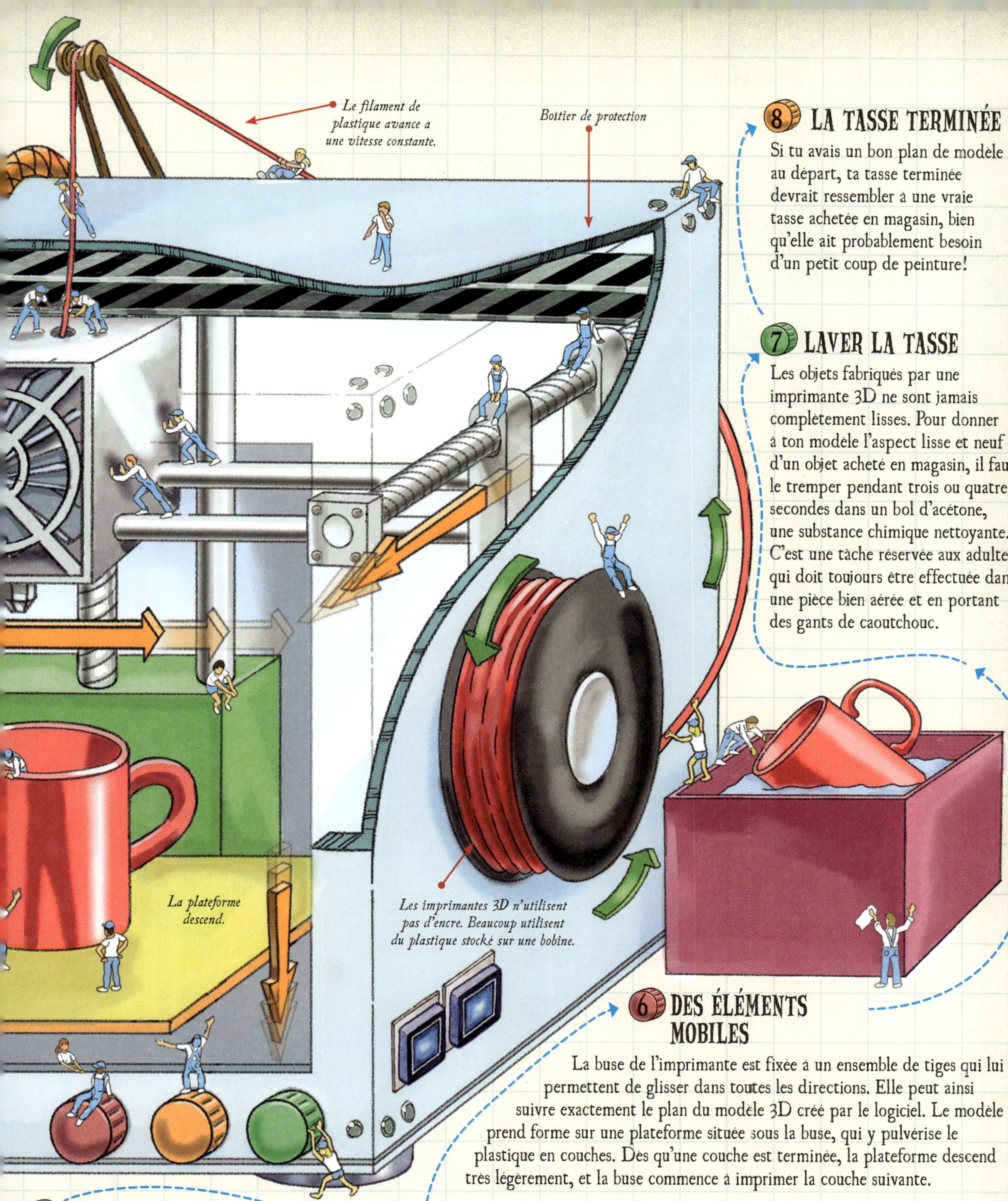

4 BIEN DES COUCHES

La plupart du temps, pour fabriquer un objet, on commence avec un morceau de matière solide que des machines font tourner et façonnent pour lui donner une forme précise. Les imprimantes 3D ne fonctionnent pas ainsi. Elles construisent plutôt la forme souhaitée en l'imprimant une couche très mince après l'autre: d'abord la première, puis la suivante, etc.

5 AJOUTER LE PLASTIQUE

Les imprimantes 3D n'utilisent pas d'encre. Elles fonctionnent plutôt avec divers types de matériaux, dont un type de plastique. Celui-ci est stocké sur une bobine – un peu comme du fil à pêche – sur le côté de l'imprimante. La **buse** d'impression est alimentée en plastique par un tube. Le plastique est ensuite chauffé et pulvérisé par la buse.

6 DES ÉLÉMENTS MOBILES

La buse de l'imprimante est fixée à un ensemble de tiges qui lui permettent de glisser dans toutes les directions. Elle peut ainsi suivre exactement le plan du modèle 3D créé par le logiciel. Le modèle prend forme sur une plateforme située sous la buse, qui y pulvérise le plastique en couches. Dès qu'une couche est terminée, la plateforme descend très légèrement, et la buse commence à imprimer la couche suivante.

7 LAVER LA TASSE

Les objets fabriqués par une imprimante 3D ne sont jamais complètement lisses. Pour donner à ton modèle l'aspect lisse et neuf d'un objet acheté en magasin, il faut le tremper pendant trois ou quatre secondes dans un bol d'acétone, une substance chimique nettoyante. C'est une tâche réservée aux adultes, qui doit toujours être effectuée dans une pièce bien aérée et en portant des gants de caoutchouc.

8 LA TASSE TERMINÉE

Si tu avais un bon plan de modèle au départ, ta tasse terminée devrait ressembler à une vraie tasse achetée en magasin, bien qu'elle ait probablement besoin d'un petit coup de peinture!

LE BULLETIN MÉTÉO

Si tu veux savoir s'il fera beau ou s'il pleuvra demain, tu peux regarder le bulletin météorologique à la télévision. Mais comment les météorologues font-ils pour savoir quel temps il fera? Ils observent les conditions météorologiques partout dans le monde, puis prédisent comment les systèmes vont se développer et se transformer dans les jours suivants.

1 OBSERVER LE TEMPS

Aux quatre coins du monde, des stations météo mesurent l'humidité de l'air, sa densité (la **pression** atmosphérique), sa chaleur, les quantités de précipitation et la vitesse du vent. Les stations envoient les données recueillies par **ondes radio** à un bureau météo local. Le bureau météo rassemble les renseignements, ou données, provenant des ballons-sondes, des **satellites** et des stations météo locales, et renvoie ces données à un autre satellite.

2 DANS LES AIRS

Les météorologues ont besoin de savoir ce qui se passe dans le ciel, ainsi qu'au niveau du sol. Chaque jour, des centaines de ballons météorologiques montent jusqu'à 32 km d'altitude. Ils transportent des instruments qui mesurent les conditions météorologiques et transmettent automatiquement les données à leur base.

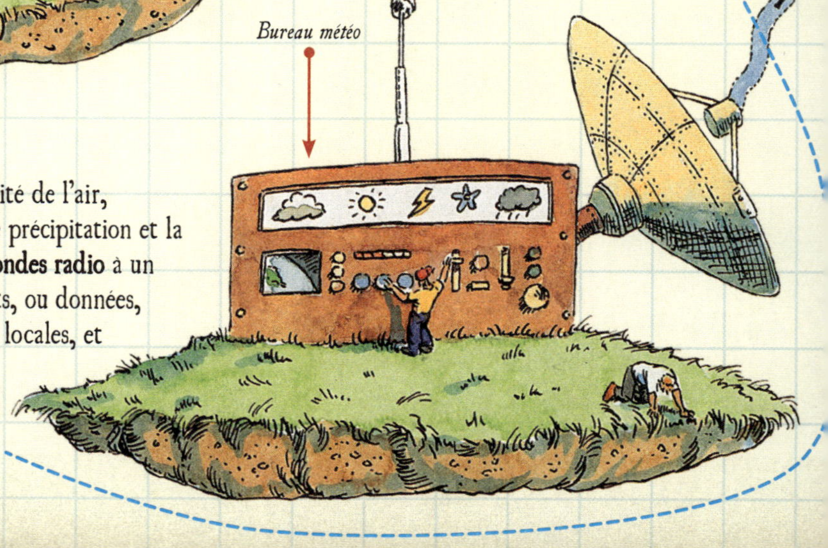

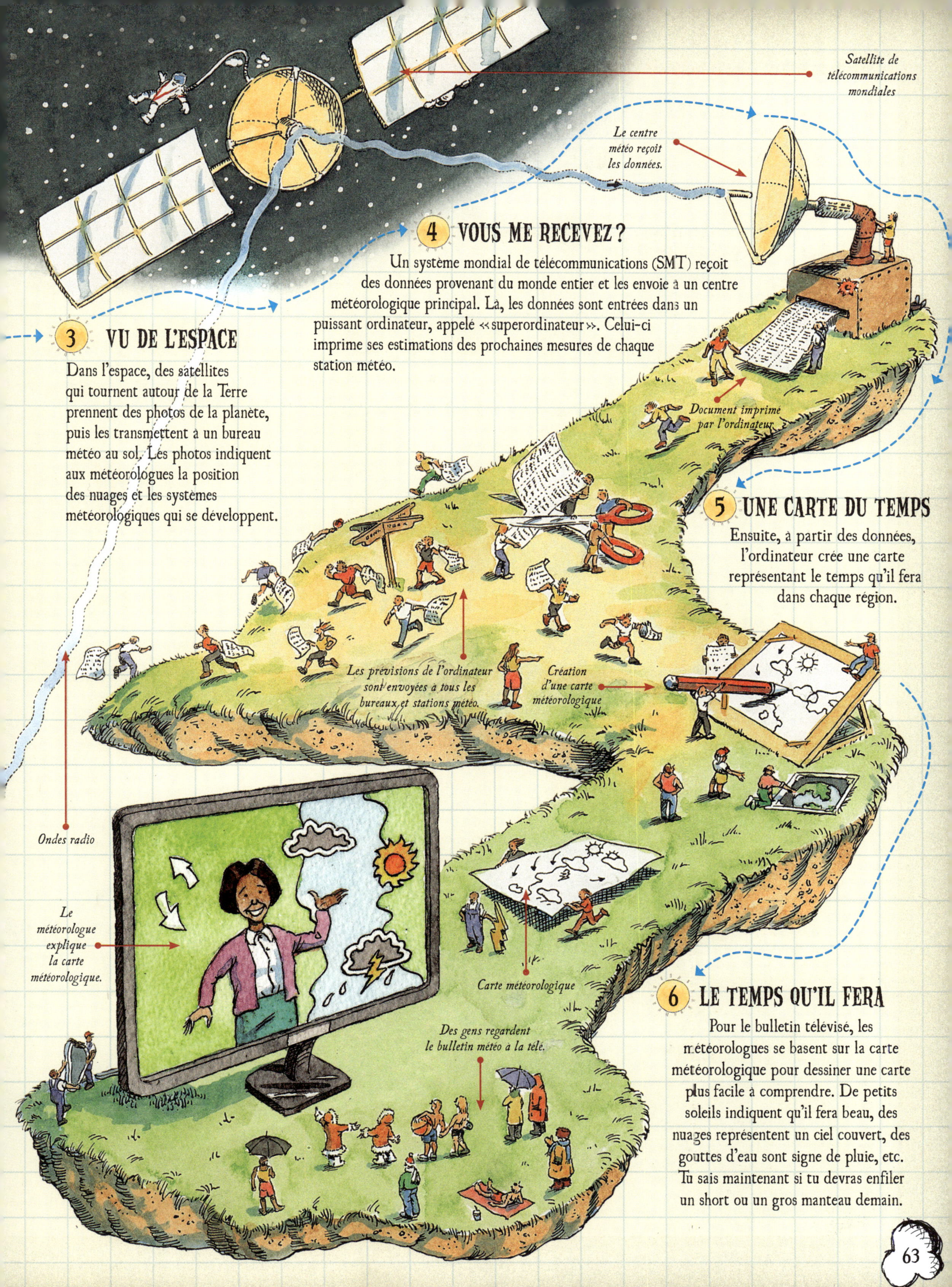

3 VU DE L'ESPACE

Dans l'espace, des satellites qui tournent autour de la Terre prennent des photos de la planète, puis les transmettent à un bureau météo au sol. Les photos indiquent aux météorologues la position des nuages et les systèmes météorologiques qui se développent.

4 VOUS ME RECEVEZ ?

Un système mondial de télécommunications (SMT) reçoit des données provenant du monde entier et les envoie à un centre météorologique principal. Là, les données sont entrées dans un puissant ordinateur, appelé « superordinateur ». Celui-ci imprime ses estimations des prochaines mesures de chaque station météo.

5 UNE CARTE DU TEMPS

Ensuite, à partir des données, l'ordinateur crée une carte représentant le temps qu'il fera dans chaque région.

6 LE TEMPS QU'IL FERA

Pour le bulletin télévisé, les météorologues se basent sur la carte météorologique pour dessiner une carte plus facile à comprendre. De petits soleils indiquent qu'il fera beau, des nuages représentent un ciel couvert, des gouttes d'eau sont signe de pluie, etc. Tu sais maintenant si tu devras enfiler un short ou un gros manteau demain.

LA TÉLÉVISION

Comment peux-tu visiter la planète Mars, suivre tes sports préférés et observer la faune de pays lointains sans même quitter ton fauteuil ? En regardant la télévision, bien sûr ! Mais quel est le secret de la télévision ?

1 L'IMAGE

Quand une caméra vidéo filme les images d'une scène, des rangées de minuscules **cellules photoélectriques**, à l'intérieur de la caméra, transforment les images en impulsions électriques.

2 À L'ÉCOUTE

Un **microphone**, ou micro, enregistre le son sous la forme d'impulsions électriques, comme les images.

3 EN DIRECT OU EN DIFFÉRÉ ?

Les nouvelles et les événements sportifs sont souvent transmis en direct, au moment où ils se produisent. Les séries et les téléfilms sont habituellement enregistrés et diffusés plus tard.

4 D'IMPULSIONS À ONDULATIONS

Les signaux vidéo et audio sont transmis à un **émetteur** télé. De puissants **aimants** transforment les impulsions électriques des signaux en ondulations invisibles appelées « ondes radioélectriques ».

5 LA DIFFUSION

L'envoi d'images et de sons pour la télé s'appelle « diffusion ». Les **ondes radio** produites par l'émetteur se dispersent dans les airs. Les émissions de télévision peuvent aussi être envoyées sous forme d'impulsions électriques directement chez toi par des câbles.

6 EN DIRECT DE L'ESPACE

Parfois, les émissions de télévision sont diffusées dans une région très vaste ou vers des lieux reculés, parfois même à l'autre bout du monde. Dans ces cas, le signal de télévision doit être réfléchi par un satellite de communications en **orbite** autour de la Terre.

7 CAPTER LES VIBRATIONS

Une antenne capte les signaux émis directement par la station de télévision. Les signaux réfléchis par les **satellites** dans l'espace sont captés par un **récepteur** en forme de soucoupe.

8 ENCORE DES IMPULSIONS

La soucoupe et l'antenne retransforment les signaux radio en impulsions électriques. Celles-ci sont transmises à ton téléviseur.

9 TOUT UN SPECTACLE !

Le **haut-parleur** du téléviseur reproduit le son. Sur l'écran, des millions de minuscules points bleus, verts et rouges, appelés pixels, produits par les signaux électriques, forment des images en mouvement. De loin, ces combinaisons de pixels donnent l'illusion d'une image de toutes les couleurs.

LANCER UNE FUSÉE

Ce n'est pas facile d'envoyer un **satellite** dans l'espace. Il faut beaucoup de puissance pour faire décoller un appareil, que ce soit pour le mettre en orbite terrestre basse (à plus de 160 km d'altitude) ou pour l'envoyer plus loin encore. Et n'oublie pas qu'il n'y a pas que le poids du satellite à soulever, il y a aussi celui de l'imposante fusée qui va transporter le satellite, et le poids du combustible nécessaire !

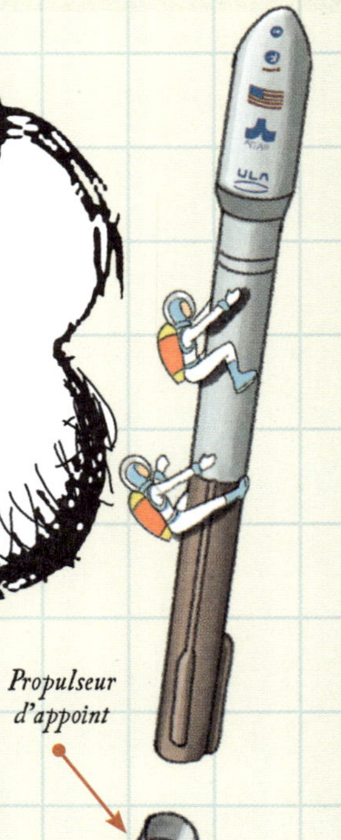

1 LES MOTEURS

La plupart des moteurs tournent, mais les moteurs de fusée fonctionnent différemment : ce sont des moteurs à réaction. Supposons que tu sois debout sur une planche à roulettes et que tu tiennes un tuyau d'incendie projetant un puissant jet d'eau. L'action de l'eau sortant du tuyau pousserait la planche à roulettes dans la direction opposée (voilà la réaction). Il faut parfois plusieurs pompiers pour tenir un tuyau d'incendie en raison de la puissance de la réaction. C'est ainsi que fonctionnent les moteurs de fusée, sauf qu'ils n'utilisent pas de l'eau, mais un carburant spécial, le propergol.

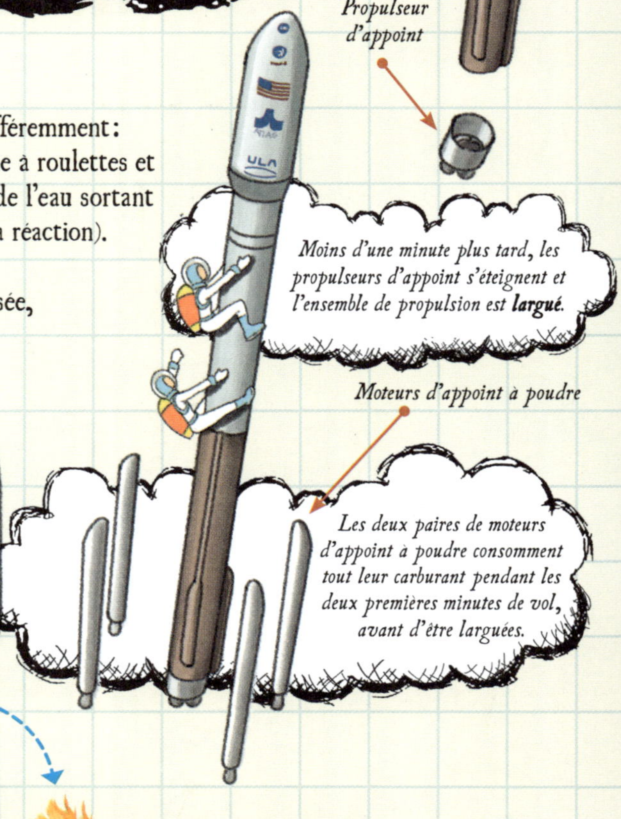

LA POUSSÉE

Le fonctionnement des moteurs à réaction repose sur le mélange d'oxygène et de carburant, qu'on enflamme pour produire une **poussée**. Mais, comme il n'y a pas d'oxygène dans l'espace, les fusées doivent transporter leur propre oxygène sous forme liquide dans un énorme réservoir.

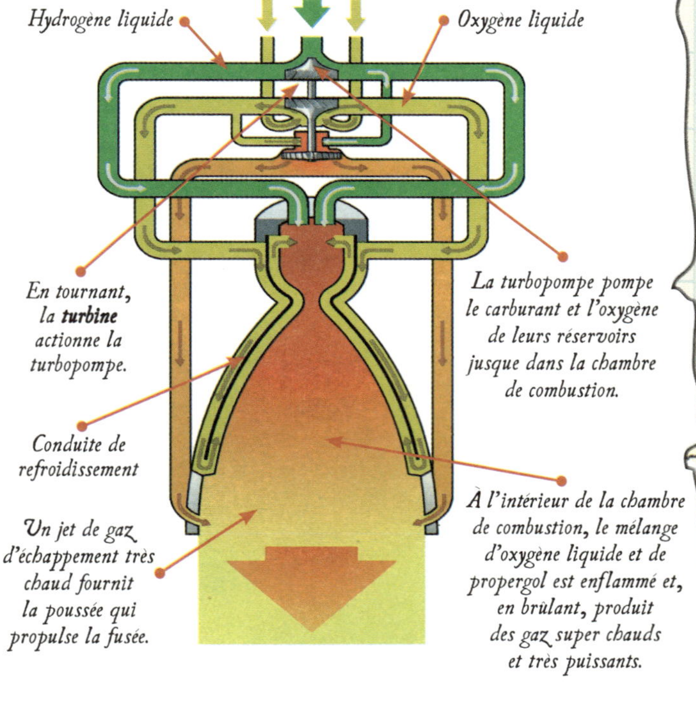

2 LANCER LA FUSÉE

La plupart des fusées sont envoyées dans l'espace à partir d'une plateforme de lancement. Cette structure géante sert à deux choses. D'abord, elle permet aux ingénieurs et aux techniciens de remplir la fusée de carburant et d'en examiner l'extérieur pour déceler tout problème éventuel. Ensuite, elle soutient la fusée jusqu'à son lancement. La fusée est fixée à la structure avec des boulons spéciaux munis d'une minuscule charge explosive. Quand la fusée est prête à être lancée, ces charges sont déclenchées, les boulons se brisent et la fusée peut s'envoler.

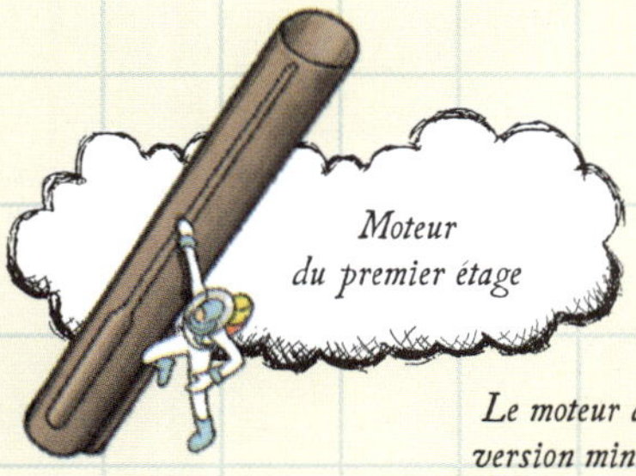

6 LA CHARGE UTILE

La charge utile est ce que la fusée emporte dans l'espace pour réaliser sa mission. Ce peut être un satellite destiné à transmettre des émissions de télévision partout dans le monde, ou encore de l'équipement scientifique spécialisé conçu pour des expériences spatiales. Ce peut même être un équipage d'astronautes. Une fusée comme celle-ci peut transporter des satellites pesant jusqu'à 6 800 kilos (environ autant qu'un autobus scolaire).

5 LE MOTEUR DU SECOND ÉTAGE

Une fois que tout le carburant du réservoir principal a été brûlé pour quitter le sol et traverser l'atmosphère, que se passe-t-il ? La plus grande partie de la fusée tombe et la petite section au sommet, qui comporte son propre moteur et son carburant, démarre et pousse la fusée encore plus loin dans l'espace. Parfois, les morceaux de la fusée qui retombent sur terre peuvent être récupérés et réutilisés.

4 LE CARBURANT LIQUIDE

Dans la plupart des fusées, la section principale est remplie de carburant liquide, stocké séparément dans deux réservoirs. L'un est habituellement rempli d'oxygène liquide et l'autre contient soit du kérosène, soit de l'hydrogène liquide. Ceux-ci sont pompés dans une grande chambre de combustion, où ils sont mélangés et enflammés. Les gaz qu'ils produisent en brûlant sont expulsés par les énormes tuyères de la fusée à une vitesse comprise entre 8 000 et 16 000 km/h.

DÉCOLLAGE IMMÉDIAT !

Depuis 1957, les fusées Atlas sont devenues un des outils de choix pour l'exploration spatiale américaine. Elles ont servi au lancement de centaines de satellites. En plus d'envoyer en orbite du matériel commercial et militaire, elles ont aussi lancé les **sondes spatiales *Pioneer*** vers Saturne et Jupiter, et même au-delà du système solaire. En Europe, l'Agence spatiale européenne a également mis de nombreux satellites en **orbite** grâce aux fusées Ariane.

3 LES MOTEURS D'APPOINT

Ce sont les moteurs d'appoint à poudre qui donnent à la fusée la poussée qui lui permet de s'élever. Ils utilisent un carburant solide semblable à de la poudre d'armes à feu, mais qui contient aussi des substances faisant que la poudre brûle au lieu d'exploser. Le carburant solide est plus sûr et moins coûteux que le carburant liquide, mais il fournit une vitesse déterminée (on ne peut pas ralentir ou accélérer) et, une fois le moteur démarré, on ne peut l'arrêter.

Réservoir de propergol pour maintenir le satellite exactement sur son orbite

L'antenne peut être orientée pour envoyer les transmissions dans de nombreuses directions.

Pour les transmissions air-sol, les satellites à plus haute altitude utilisent une hyperfréquence cinq fois plus élevée que celle utilisée par les satellites conventionnels.

Les cellules photovoltaïques des panneaux solaires fournissent de l'**électricité** aux systèmes de communication.

L'ANTENNE PARABOLIQUE

Pour qu'un satellite puisse faire son travail – qu'il fasse des prévisions météorologiques, transmette un signal télé partout dans le monde ou t'aide à t'orienter en voiture –, il doit faire partie d'un réseau d'**émetteurs** et de **récepteurs**. Ces énormes soucoupes, appelées « antennes paraboliques », communiquent avec les satellites en orbite basse à l'aide d'**ondes radioélectriques**, et avec ceux en orbite à haute altitude en utilisant des signaux hyperfréquences, qui traversent mieux l'atmosphère de la Terre.

LA STATION TERRESTRE

Les antennes paraboliques sont aussi appelées « stations terrestres ». Elles peuvent être reliées à des réseaux nationaux de communications de deux façons : avec des câbles à fibres optiques souterrains ou par des liaisons hertziennes au-dessus du sol. Cette chaîne, formée d'un émetteur, d'un satellite et d'un récepteur, est à la base de notre système moderne de communication.

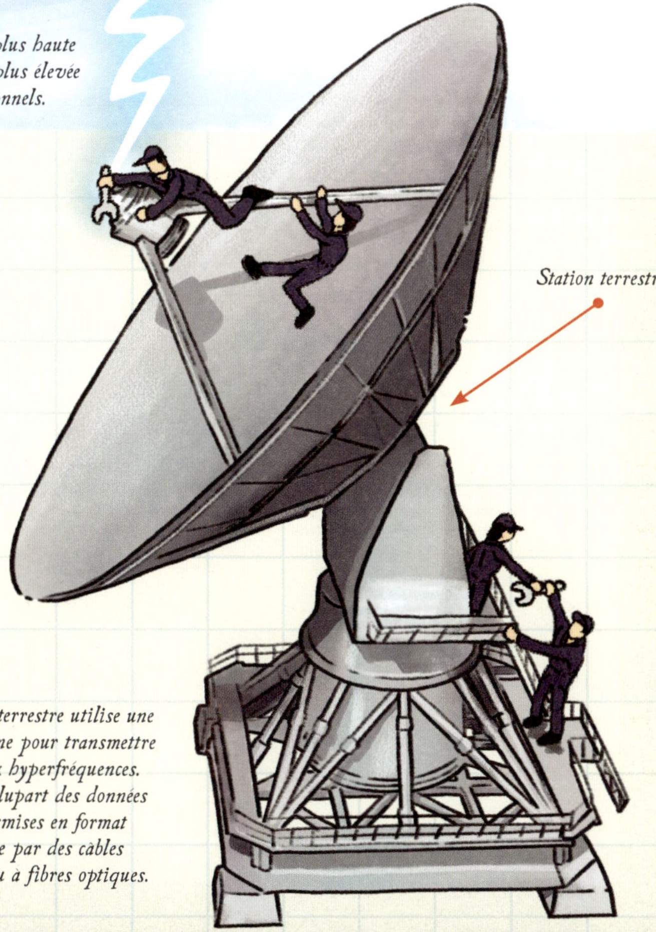

Station terrestre

Cette station terrestre utilise une grande antenne pour transmettre des signaux hyperfréquences. Au sol, la plupart des données sont transmises en format numérique par des câbles électriques ou à fibres optiques.

Des transmissions à longue distance sont envoyées partout dans le monde par un réseau de satellites.
Dans la partie principale du satellite, le **transpondeur** amplifie les signaux hyperfréquences avant de les acheminer vers l'antenne de transmission.
La **batterie** emmagasine l'énergie recueillie par les panneaux solaires.
Les propulseurs aident à maintenir le satellite sur son orbite. Ils peuvent le déplacer dans toutes les directions.
L'antenne de réception recueille les signaux hyperfréquences entrants.

L'AUTOMOBILE

Tu vois probablement des centaines de voitures chaque jour – il y en a plus d'un milliard dans le monde –, mais t'es-tu déjà demandé comment elles fonctionnent et quelles technologies elles utilisent ? Nous révélons ici ce qui se trouve à l'intérieur de l'une des machines les plus populaires et les plus aimées de tous les temps.

1 UN MOTEUR À QUATRE CYLINDRES

Pour fonctionner, un moteur d'automobile a besoin d'air et de carburant. En les mélangeant dans un espace restreint et en y ajoutant une étincelle, on produit suffisamment d'énergie pour faire monter et descendre quatre ensembles de pistons. Ces pistons sont fixés à un vilebrequin, aussi appelé « arbre moteur », qui entraîne un arbre de transmission encore plus long placé au milieu de la voiture. Quand ils montent et descendent, les pistons font tourner l'arbre de transmission.

2 L'ARBRE DE TRANSMISSION ET LE DIFFÉRENTIEL

L'arbre de transmission doit pouvoir faire tourner l'essieu arrière. Il le fait en utilisant un dispositif sophistiqué d'**engrenages** appelé « différentiel ». Ce dispositif permet aussi de faire tourner les roues arrière à des vitesses différentes, pour que la voiture puisse effectuer des virages en douceur.

3 LA BOÎTE DE VITESSES

La boîte de vitesses sert à deux choses. Sa première fonction est de connecter ou déconnecter le moteur et les roues, pour que l'automobile puisse rester immobile quand la circulation l'exige.

Ensuite, un moteur ne peut faire faire qu'un nombre de tours limité à l'arbre moteur en une minute ; les rapports de vitesse servent donc à les contrôler et à assurer l'équilibre entre le nombre de rotations du moteur et la vitesse à laquelle on veut rouler. La boîte de vitesses est contrôlée par un levier de vitesses, et par une pédale d'embrayage. Pour briser la connexion entre le moteur et les roues, on appuie du pied sur la pédale. On change ensuite de rapport de vitesse, puis on relâche la pédale, et la voiture utilise le nouveau rapport de vitesse.

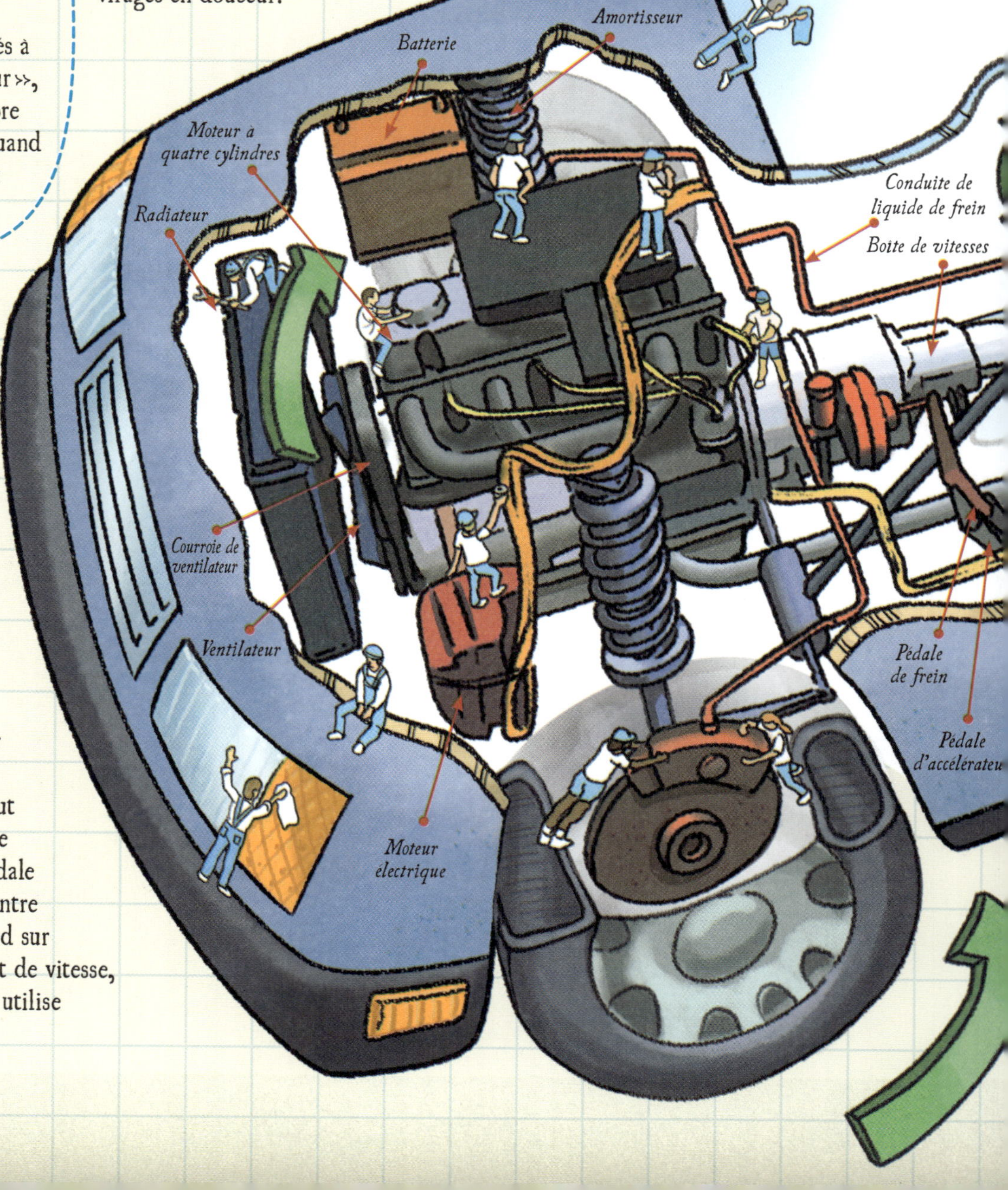

4 LE RÉSERVOIR DE CARBURANT

Quand on fait le plein, l'essence est stockée dans un réservoir. De là, elle est pompée dans le moteur. Dans certains véhicules, la pompe est située à l'avant de la voiture et est alimentée par le moteur. Dans d'autres, elle se trouve dans le réservoir et son fonctionnement est assuré par la batterie de la voiture.

5 LA BATTERIE HYBRIDE

Certains véhicules modernes utilisent à la fois un moteur à essence et un moteur électrique. Le moteur électrique est placé entre le moteur et la **batterie** hybride, et il convertit une partie de l'énergie produite par le moteur en **électricité**, qui est emmagasinée dans la batterie hybride. Au freinage, le moteur électrique tourne à l'envers, ce qui non seulement ralentit la voiture, mais génère aussi plus d'électricité.

6 L'ÉCHAPPEMENT ET LE POT CATALYTIQUE

Une série de conduites traversent la voiture de l'avant à l'arrière. Elles rassemblent tous les gaz nocifs émis par le moteur et les font passer à travers un pot catalytique, qui est une boîte contenant des produits chimiques. Cela diminue la quantité de certains gaz toxiques, comme le monoxyde de carbone, rejetés par le tuyau d'échappement.

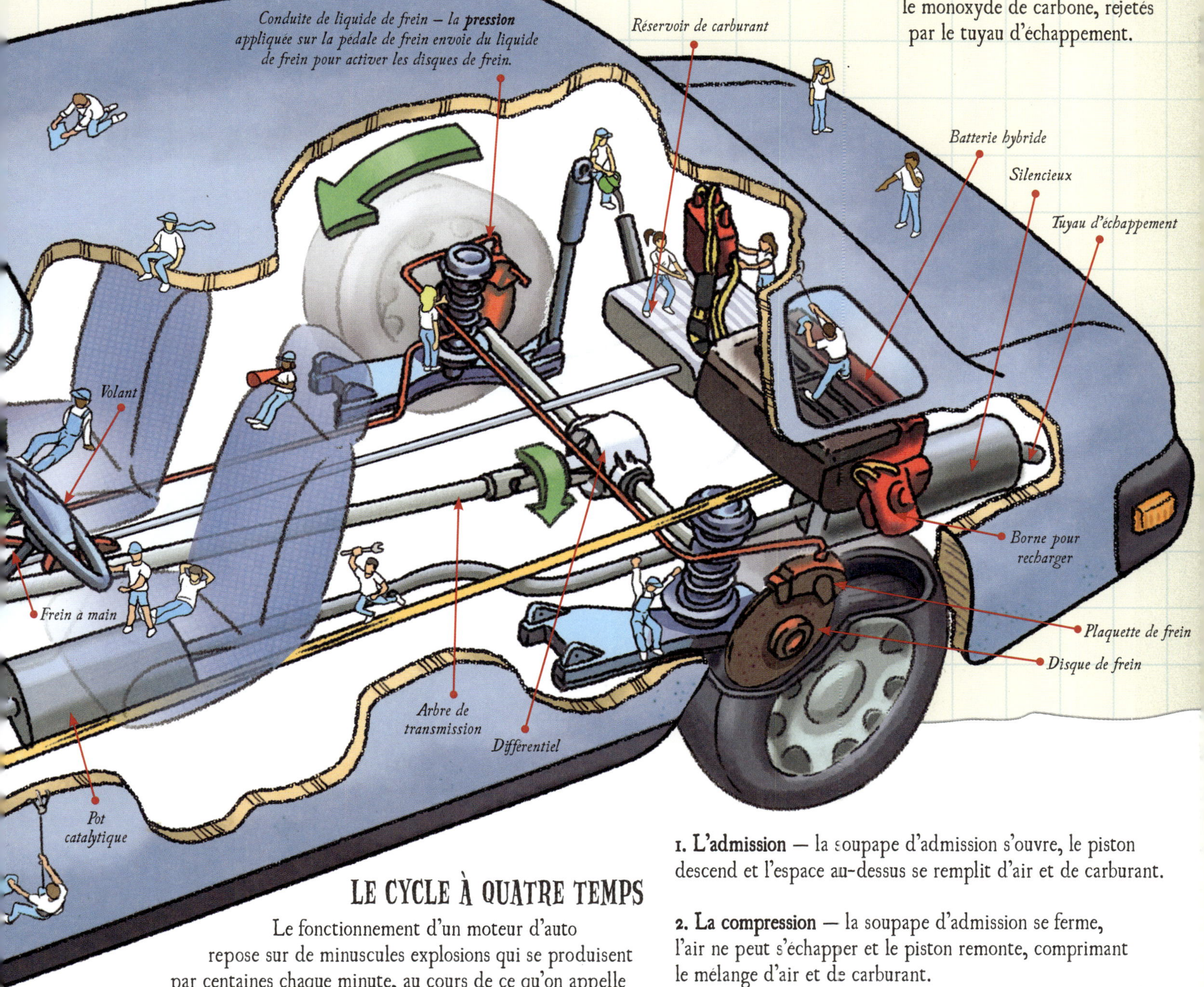

LE CYCLE À QUATRE TEMPS

Le fonctionnement d'un moteur d'auto repose sur de minuscules explosions qui se produisent par centaines chaque minute, au cours de ce qu'on appelle le « cycle à quatre temps ». Voici comment il fonctionne.

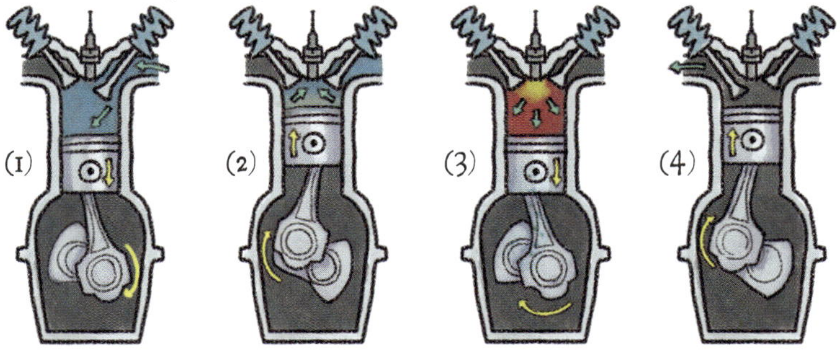

1. **L'admission** — la soupape d'admission s'ouvre, le piston descend et l'espace au-dessus se remplit d'air et de carburant.

2. **La compression** — la soupape d'admission se ferme, l'air ne peut s'échapper et le piston remonte, comprimant le mélange d'air et de carburant.

3. **La combustion** — une étincelle enflamme le mélange pour produire une petite explosion, qui fait redescendre le piston.

4. **L'échappement** — quand le piston est redescendu, la soupape d'échappement s'ouvre et les gaz produits par l'explosion s'échappent. Le piston remonte et le processus recommence.

L'AVION À RÉACTION

À pleine charge, un avion comme celui-ci pèse environ 24 500 kilos. Comment soulever tout ce poids dans les airs en toute sécurité, et lui faire atteindre sa destination ?

4 DES AILETTES POUR LA STABILITÉ

On dirait qu'un géant a tordu vers le haut le bout des ailes de cet avion. Ces bouts relevés sont appelés « ailettes ». On n'en voit pas sur tous les avions, mais elles servent à réduire la résistance autour de l'aile et à augmenter la portance. Elles aident aussi à maintenir l'équilibre de l'appareil. Tout cela permet à l'appareil de parcourir une plus grande distance avec une même quantité de carburant.

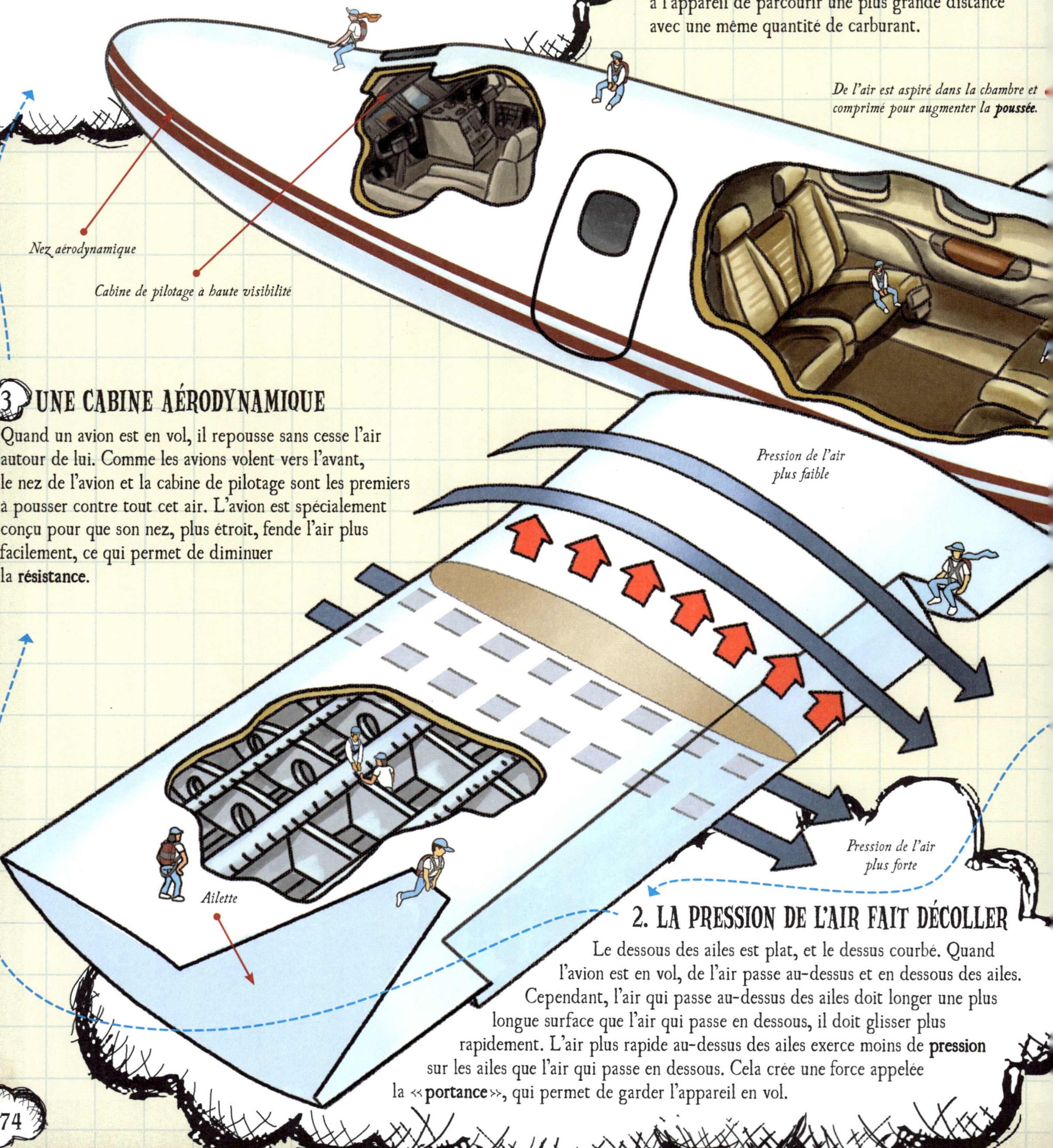

3 UNE CABINE AÉRODYNAMIQUE

Quand un avion est en vol, il repousse sans cesse l'air autour de lui. Comme les avions volent vers l'avant, le nez de l'avion et la cabine de pilotage sont les premiers à pousser contre tout cet air. L'avion est spécialement conçu pour que son nez, plus étroit, fende l'air plus facilement, ce qui permet de diminuer la **résistance**.

2. LA PRESSION DE L'AIR FAIT DÉCOLLER

Le dessous des ailes est plat, et le dessus courbé. Quand l'avion est en vol, de l'air passe au-dessus et en dessous des ailes. Cependant, l'air qui passe au-dessus des ailes doit longer une plus longue surface que l'air qui passe en dessous, il doit glisser plus rapidement. L'air plus rapide au-dessus des ailes exerce moins de **pression** sur les ailes que l'air qui passe en dessous. Cela crée une force appelée la « **portance** », qui permet de garder l'appareil en vol.

5. DES VOLETS SUR LES AILES

Une fois dans les airs, il faut pouvoir diriger l'avion vers la gauche, la droite, le haut ou le bas. À l'aide des contrôles situés dans la cabine, les pilotes orientent les différents volets de chaque aile ; quand le pilote tourne le contrôle vers la gauche, le volet de l'aile gauche monte et celui de l'aile droite descend. Le fait de lever un volet réduit la portance, alors que baisser un volet l'augmente. Ainsi, l'avion pivotera vers la gauche, puis tournera dans cette direction.

Pour commencer à tourner, fais pivoter l'avion dans la direction choisie – dans ce cas, à gauche.

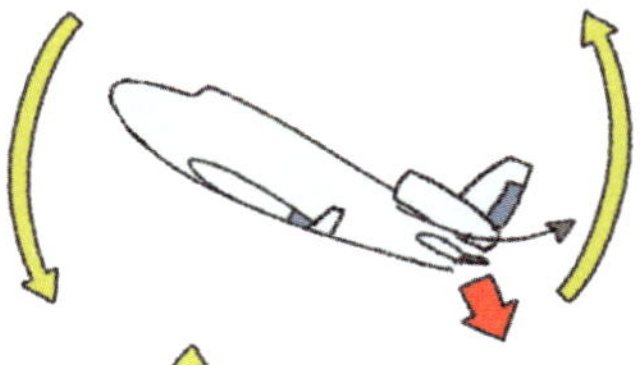

Pour descendre, pousse le manche à balai vers l'avant afin d'abaisser le volet de la queue. La queue monte et le nez descend.

Pour monter, tire le manche vers l'arrière afin de relever le volet de la queue. La queue de l'avion descend et le nez monte.

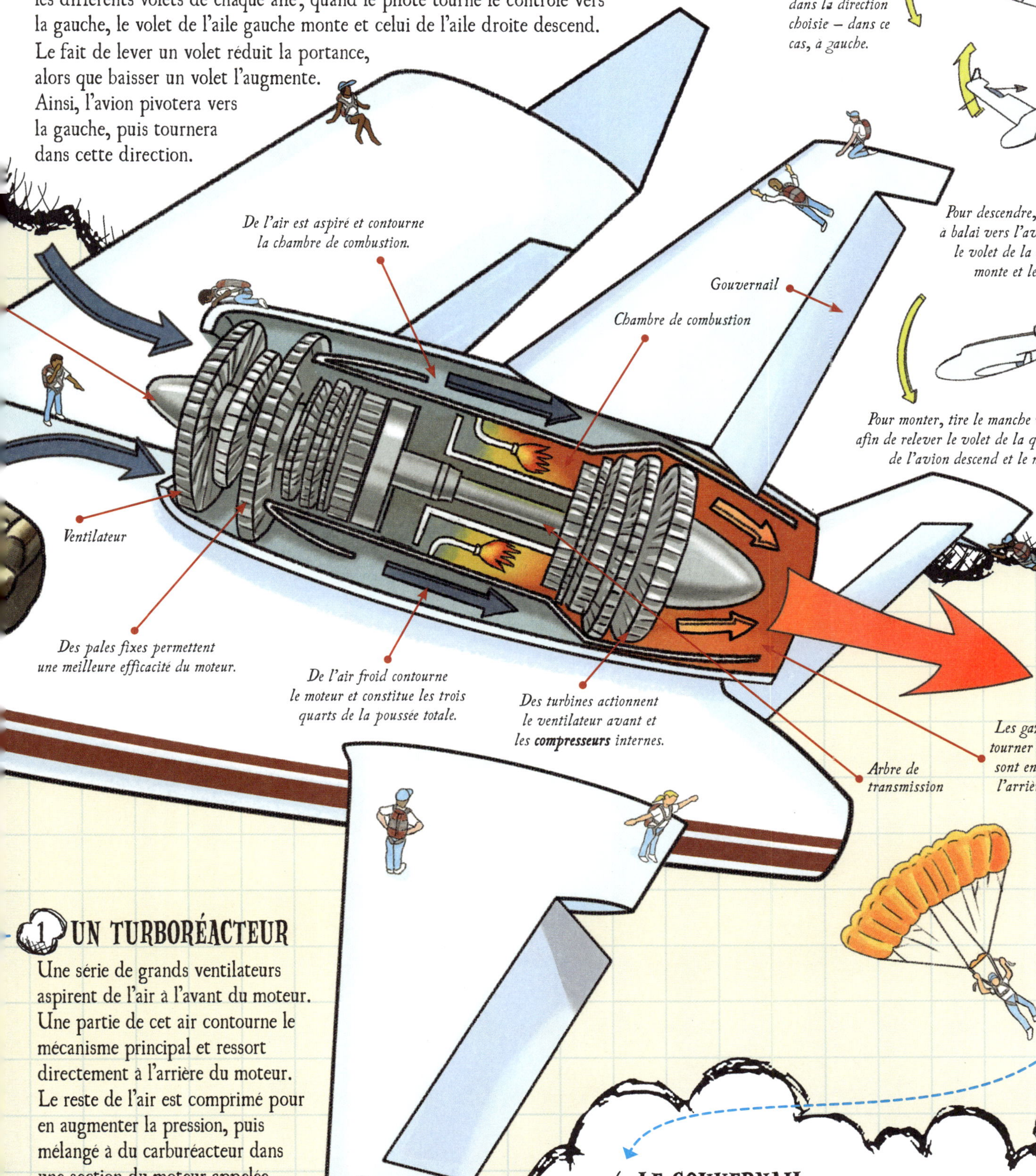

1 UN TURBORÉACTEUR

Une série de grands ventilateurs aspirent de l'air à l'avant du moteur. Une partie de cet air contourne le mécanisme principal et ressort directement à l'arrière du moteur. Le reste de l'air est comprimé pour en augmenter la pression, puis mélangé à du carburéacteur dans une section du moteur appelée « chambre de combustion ». Ajoutons une étincelle, et, quand le mélange s'enflamme, il se dilate et est expulsé à l'arrière, poussant l'avion vers l'avant. Ce type de moteur est appelé un « turboréacteur à double flux », et est beaucoup moins bruyant que d'autres types de turboréacteurs.

6. LE GOUVERNAIL

Contrairement à celui d'un bateau, le gouvernail d'un avion à réaction ne sert pas à le diriger. Il est plutôt utilisé pour empêcher l'avion de balancer de gauche à droite quand il vole en ligne droite. Ce mouvement est appelé « lacet ».

LE SUBMERSIBLE

À certains endroits, l'océan est si profond que, si on y laissait tomber le mont Everest, son sommet (à 8848 m) se trouverait à 1,6 km sous l'eau ! L'exploration de ces profondeurs obscures et mystérieuses requiert un type de sous-marin particulier, qu'on appelle « submersible pour grands fonds ».

1 DES LUMIÈRES

Pourquoi a-t-on besoin de projecteurs ? Parce qu'à partir d'une profondeur de 200 m environ, la lumière du soleil diminue, et qu'à 300 m on n'y voit presque plus rien. À plus de 300 m de profondeur, la seule lumière qu'on distingue est celle produite par les animaux marins.

2 UN DÔME

Le dôme donne à l'équipage une vue fantastique sur la faune et la flore marines, et sur d'autres caractéristiques intéressantes. Il ne peut être en verre, parce que le verre ne résisterait pas à la **pression** de l'eau. Il est plutôt fait d'acrylique, un plastique transparent très solide, plus léger que le verre et jusqu'à 17 fois plus résistant.

3 LA COQUE

La coque du submersible est souvent faite d'un alliage de titane, un mélange de métaux très résistant, qui ne rouille pas et est plus flexible que l'acier, afin qu'il puisse supporter toute la pression de l'eau sans se déformer. Certains submersibles sont faits d'autres matériaux légers, solides et flexibles, comme la fibre de carbone, aussi utilisée pour fabriquer des cannes à pêche.

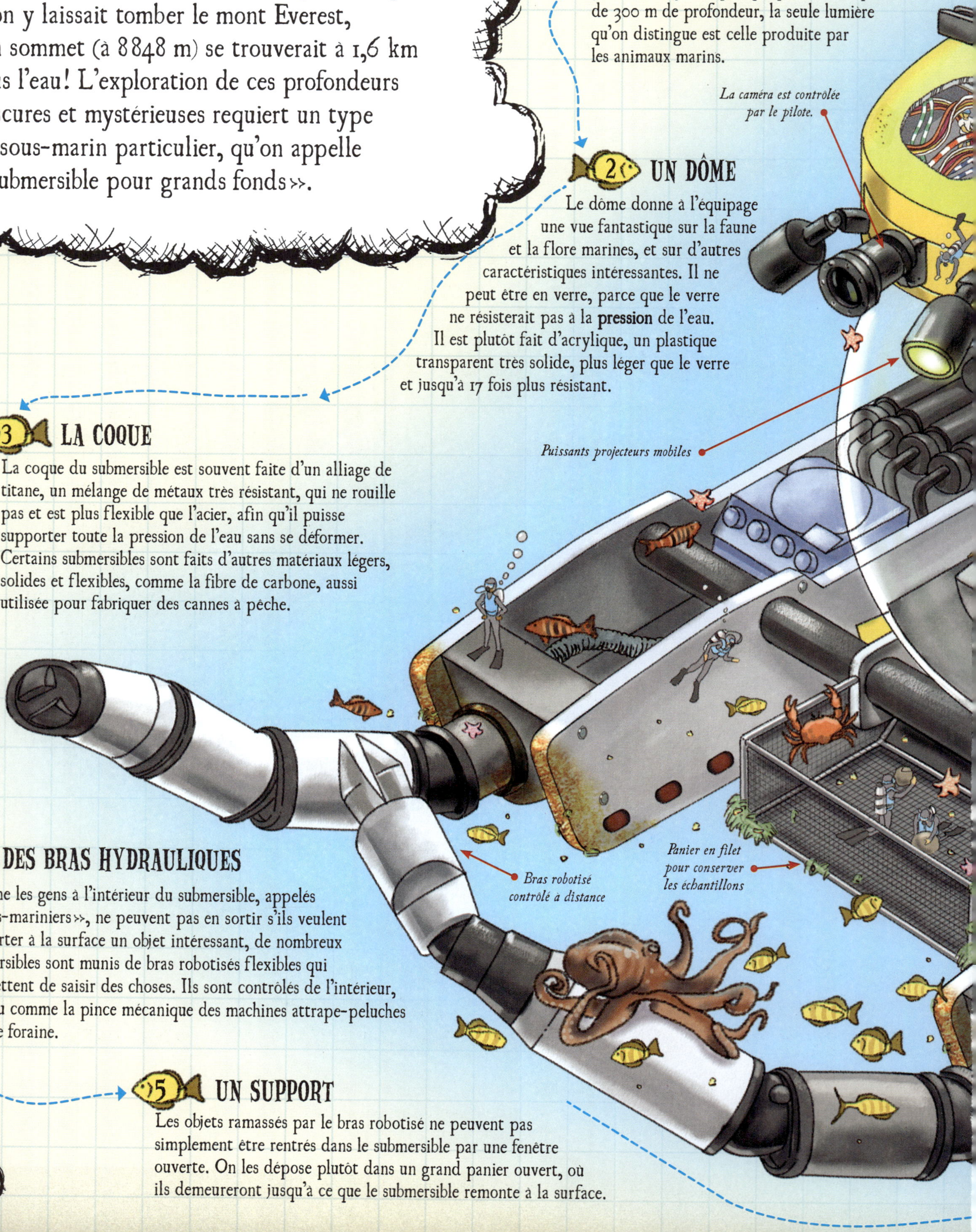

4 DES BRAS HYDRAULIQUES

Comme les gens à l'intérieur du submersible, appelés « sous-mariniers », ne peuvent pas en sortir s'ils veulent rapporter à la surface un objet intéressant, de nombreux submersibles sont munis de bras robotisés flexibles qui permettent de saisir des choses. Ils sont contrôlés de l'intérieur, un peu comme la pince mécanique des machines attrape-peluches de fête foraine.

5 UN SUPPORT

Les objets ramassés par le bras robotisé ne peuvent pas simplement être rentrés dans le submersible par une fenêtre ouverte. On les dépose plutôt dans un grand panier ouvert, où ils demeureront jusqu'à ce que le submersible remonte à la surface.

7 LES PROPULSEURS

Actionnés par des moteurs électriques, les propulseurs permettent au submersible de se déplacer sous l'eau. En ajustant leur orientation, le pilote peut faire monter ou descendre son véhicule, et le faire avancer ou reculer. Les moteurs électriques des submersibles sont très efficaces: environ 80% de l'**électricité** qui les alimente est transformée en mouvement. Pour un moteur à essence, c'est moins de 25%.

6 LES BATTERIES

À bord d'un submersible, les **batteries** servent à faire démarrer les moteurs et fournissent l'électricité nécessaire pour faire fonctionner tout le reste: lumières, équipement électronique, alimentation en oxygène, bras robotisé, etc. Ce sont habituellement des batteries au lithium-ion, comme celles qui se trouvent dans ton téléphone intelligent ou ton ordinateur portable, mais beaucoup plus grosses.

GLOSSAIRE

aimant Morceau de métal (habituellement de l'acier) qui attire vers lui d'autres métaux ou qui les repousse grâce à une force invisible appelée «magnétisme». Les aimants font aussi bouger des électrons dans des fils de métal.

appli Diminutif d'«application». Petit logiciel fonctionnant sur un téléphone intelligent ou sur une tablette.

atome La plus petite particule complète de tout solide, liquide ou gaz. Tout est constitué d'atomes, de l'air que nous respirons aux appareils que nous utilisons.

attirer Tirer quelque chose sans même y toucher. Un aimant attire certains types de métaux.

axe Tige rotative. On utilise un axe pour faire tourner une roue ou pour transmettre un mouvement d'un point à un autre.

bactérie Minuscule être vivant, habituellement formé d'une seule cellule. Les «bonnes» bactéries nous sont utiles de toutes sortes de manières, depuis le nettoyage des eaux usées jusqu'à la fabrication du fromage; les «mauvaises» bactéries peuvent nous rendre très malades.

bassin de décantation Contenant dans lequel on laisse reposer des eaux usées pour que les saletés se déposent au fond.

battage Action de battre les grains pour les séparer de leurs épis.

batterie Dispositif qui emmagasine de l'électricité. La batterie transforme l'énergie produite par une réaction chimique en énergie électrique.

boues Déchets résultant de l'épuration des eaux usées.

buse Ouverture en forme d'entonnoir à l'extrémité d'un tuyau ou d'un tube, le bout étroit étant orienté vers l'extérieur. Un liquide ou un gaz accélère en passant dans une buse et il s'étend quand il s'en éloigne.

came Dispositif conçu pour transformer un mouvement de rotation en mouvement de translation (de haut en bas). Une came est montée sur un arbre rotatif.

cellule photoélectrique Dispositif qui transforme la lumière qui entre dans une caméra de télévision en impulsions électriques.

centrale hydroélectrique Installation où l'on produit de l'électricité à partir de l'énergie de l'eau qui fait tourner une génératrice.

champ magnétique Zone invisible autour d'un aimant dans laquelle les effets de celui-ci sont ressentis. Le champ est plus puissant près de l'aimant, mais s'affaiblit rapidement quand on s'en éloigne.

circuit Boucle continue. Les circuits électriques peuvent être très courts ou s'étendre sur plusieurs kilomètres.

code postal Code associé à une ville et utilisé par les systèmes informatiques de tri.

combustible nucléaire Combustible, comme l'uranium, qui peut être utilisé dans les réacteurs nucléaires comme source d'électricité.

compresseur Dispositif qui presse (comprime) un liquide ou un gaz, le poussant à l'intérieur d'un espace restreint.

compteur Appareil qui mesure la quantité d'eau, de gaz ou d'électricité que tu utilises.

condenser Transformer un gaz ou une vapeur en liquide. Les gaz et la vapeur se condensent quand on les refroidit ou qu'on les comprime.

conduite principale Câble ou tuyau souterrain qui transporte de l'eau, de l'électricité ou du gaz jusque dans ta maison.

contact (électrique) Élément conçu pour compléter un circuit, afin que le courant circule. La plupart des contacts électriques sont en métal.

courant (électrique) Courant de particules en mouvement, appelées des «électrons», qui transportent de l'énergie. Quand un courant électrique est activé, l'énergie peut parcourir une très grande distance presque instantanément.

décanteur-digesteur Contenant dans lequel des bactéries mangent les boues extraites des eaux usées.

écran tactile Écran d'un téléphone intelligent ou d'une tablette qui permet de faire des choix ou de changer la taille d'une image en touchant simplement l'écran.

égout Énorme canalisation dans laquelle s'écoulent les eaux usées.

électricité Forme d'énergie transportée par des fils.

électroaimant Aimant qui fonctionne grâce à l'électricité. Contrairement aux aimants permanents, les électroaimants fonctionnent uniquement quand ils sont traversés par un courant électrique.

électron Minuscule particule qui transporte une charge électrique négative. Un courant électrique est formé de plusieurs électrons reliés entre eux. Tous les atomes contiennent des électrons.

émetteur Appareil qui envoie des signaux de télévision, de radio ou de téléphone.

engrenage Roue dentée conçue pour transférer un mouvement. Les engrenages se font tourner les uns les autres grâce à leurs dents qui s'emboîtent et peuvent être utilisés pour modifier la vitesse, la force ou la direction d'un mouvement.

enzyme Substance qui accélère une réaction chimique. Grâce à une enzyme, une réaction peut être des milliers ou des millions de fois plus rapide.

évaporer Transformer en vapeur. De l'eau laissée dans un endroit sec s'évapore lentement.

fermentation Processus par lequel la levure aide le sucre à se transformer en alcool et en dioxyde de carbone.

flocs Grumeaux de saletés qui se forment quand on nettoie les eaux usées.

friction Force qui ralentit le mouvement d'un objet. La friction peut être réduite par l'utilisation d'huile ou de roulements à billes, mais elle ne peut jamais être entièrement éliminée.

fusible Dispositif de sécurité qui interrompt le courant lorsque son intensité est trop forte.

génératrice Machine qui produit un courant électrique à l'aide d'une bobine de fil de cuivre située entre les pôles d'un aimant.

haut-parleur Dispositif qui transforme un courant électrique en son.

icône Petit dessin sur l'écran d'un ordinateur ou d'un téléphone intelligent qui représente une appli, un autre programme, une option de réglage ou une fenêtre.

incinérateur Four très chaud où l'on fait brûler des déchets.

ionisé Formé d'ions. Les ions sont des atomes qui ont gagné ou perdu des électrons. Contrairement aux atomes, ils ont une charge électrique.

isolant Qui empêche la chaleur ou l'électricité de se propager. Le plastique, le verre, la céramique et le caoutchouc sont des matériaux isolants.

largué Détaché de façon délibérée d'un avion ou d'un véhicule spatial en vol.

lecteur optique de caractères Lecteur électronique d'un ordinateur qui peut lire des lettres et des chiffres.

lit filtrant Couches de sable et de petits cailloux couverts de bactéries qui nettoient les eaux usées qui les traversent.

micro-ondes Minuscules pulsations d'énergie qui peuvent chauffer les aliments.

microphone Appareil qui transforme les vibrations du son (comme la voix) en courant électrique.

microprocesseur Dispositif électronique qui fait des calculs. Les microprocesseurs constituent le cœur de tous les ordinateurs et calculatrices.

molécule Unité chimique, comme l'eau, composée d'un groupe d'atomes unis par des liaisons chimiques.

onde sonore Onde de pression qui transporte du son. Dans les oreilles comme dans les microphones, ces ondes sont converties en mouvement.

ondes radio Impulsions d'énergie invisibles qui propagent des signaux télé ou radio dans les airs.

orbite Trajectoire courbe décrite par un véhicule spatial ou un satellite autour d'un corps céleste.

portance Force verticale qui contribue à garder un aéronef dans les airs. La portance est créée par les différences de pression de l'air.

poussée Force produite par les moteurs, qui permet à un aéronef de se déplacer dans les airs.

pression Force avec laquelle les choses appuient sur ce qui les entoure. On peut augmenter la pression d'un gaz ou de la vapeur en les chauffant.

pression de l'air Densité de l'air. En haute pression, l'air est dense, épais; l'air en basse pression est léger.

radiation Forme d'énergie émise par un objet. La lumière est une forme de radiation.

radioactif Qui émet des radiations. Certaines substances radioactives sont dangereuses parce que leurs radiations sont nocives pour les êtres vivants.

récepteur Appareil qui reçoit des signaux entrants. Les téléviseurs, les radios et les téléphones sont tous munis de récepteurs.

recycler Action de récupérer des déchets pour en faire d'autres objets.

repousser Éloigner quelque chose sans y toucher. Les aimants se repoussent lorsqu'on approche deux pôles de même polarité.

réseau cellulaire Réseau de téléphonie mobile ou sans fil qui sépare une région en sections ou «cellules». Chaque cellule a sa station de base, qui connecte les téléphones cellulaires au réseau téléphonique.

réservoir Lac ou étang, naturel ou artificiel, ou caverne souterraine dont on se sert pour emmagasiner de l'eau.

résistance Force opposée. Par exemple, ce peut-être la force de l'air contre laquelle les avions luttent pour pouvoir avancer, qui fait qu'ils ont besoin d'un moteur.

roulement à billes Élément d'une machine qui réduit la friction. Le roulement est installé entre des surfaces mobiles; en roulant, il permet aux surfaces de glisser facilement l'une sur l'autre.

satellite Vaisseau spatial sans pilote en orbite autour de la Terre.

satellite GPS Environ 30 satellites du système mondial de localisation en orbite autour de la Terre «sondent par PING» des milliards d'appareils, comme des téléphones et des récepteurs de navigation dans les voitures, pour nous permettre de savoir exactement où nous nous trouvons.

sondes spatiales *Pioneer* Série de vaisseaux spatiaux américains robotisés envoyés pour observer le Soleil, Jupiter, Saturne et Vénus. *Pioneer 10* se trouve actuellement à plus de 12 milliards de kilomètres de la Terre.

succion Action de retirer l'air d'un espace dans le but d'y faire entrer de force un liquide (ou, dans le cas d'un aspirateur, un autre volume d'air).

système d'exploitation Sorte de «chef d'orchestre» électronique qui s'assure que tous les éléments d'un ordinateur, matériel et logiciel, fonctionnent en harmonie.

transformateur Appareil qui rend un courant électrique plus fort ou plus faible.

transpondeur Dispositif électronique d'un satellite conçu pour recevoir un signal précis et transmettre automatiquement une réponse précise.

trieuse Machine qui trie le courrier selon la taille.

turbine Roue spéciale munie de pales inclinées. Le vent, l'eau ou la vapeur passe dans la turbine et pousse les pales. Cela fait tourner une roue qui actionne une génératrice.

valve Dispositif qui permet le mouvement dans un conduit dans une direction seulement. On trouve souvent des valves dans des machines qui pompent des liquides ou des gaz.

vapeur Gaz produit par l'évaporation d'un liquide.

INDEX